JN098827

図解でわかる!
環境法・条例

―基本のキ―

改訂3版

安達宏之 著

第一法規

はじめに

本書は、第一法規株式会社主催の「環境法・条例の基礎セミナー」の内容をベースに、企業の環境担当者向けに、環境法の入門書としてまとめたものです。

企業向け環境コンサルタントである筆者は、二〇〇八年から本セミナーの講師を務め、おかげさまでたくさんの企業担当者の方々にご参加いただきました。たいへんうれしいことに、直近一年間のセミナーアンケートでは九八・三％の参加者の方々にご満足いただけたそうです。本書では、そのセミナーのエッセンスをギュッと詰めこみました。

本書刊行後、筆者の予想をはるかに超え、多くの読者の皆さまに恵まれ、この度、改訂3版を出すことになりました。めまぐるしく動く法改正を反映させています。

本書は三部構成です。Ｕｎｉｔ１では、環境法を知るためのイントロダクションとして、環境法のリスクや環境法の読み方のポイントを解説しています。Ｕｎｉｔ２では、主な環境法を取り上げながら、それら法令の概要をわかりやすく解説しています。Ｕｎｉｔ３では、企業が環境法に対応するに当たっての実務上の注意点や仕組みづくりなどを解説しています。

本書を書くに当たり、厳密さにこだわるよりも「わかりやすさ」に力点を置きました。企業担当者の多くは環境法を含む法律に不慣れな中で悪戦苦闘しています。そうした方々には、まず環境法の全体像を簡潔につかんでいただいたほうがよいと判断したためです。実際の業務では、法令の原文や行政への問い合わせ等により対応してください。

本書を通して環境法の基礎をご理解いただき、各企業における環境法リスクの低減とともに、将来の世代に良好な環境を引き継いでいこうとする社会の動きにすこしだけでも寄与できれば、筆者にとって望外の喜びです。

本書の初版から改訂3版ができるまでに、編集担当の石川道子さんには、数多くの有益なアドバイスをいただきました。心から御礼申し上げます。

安達宏之

目次

※本書の内容現在：令和六年一月一日（原則）

Unit 3 これで怖くない！　環境法対応

Unit 1

環境法・条例の「基本のキ」

環境法違反事例

環境法遵守は、なぜ大切？

社内で危機感を共有しよう

違反続出の環境法!?

環境マネジメントシステム（EMS）を運用し、多くの企業が労力をかけて環境法を遵守する取組みをしています。

EMSの国際規格ISO14001や環境省策定エコアクション21で要求されていることや、コンプライアンス（法令遵守）の意識が広がっていることもあるのでしょう。しかし、それだけではありません。それをしなければ、違反してしまうケースが後を絶たないからです。

図表のように、環境法に違反した者である「環境事犯」の検挙事件数は毎年約六〇〇〇件にのぼります。その多くは**廃棄物処理法違反**です。

環境法違反は経営リスク

環境法に違反したとして、工場などへ警察や行政が入ってくれば、現場の動揺は計り知れないものがあります。ただし、違反の影響はそれにとどまるわけではありません。

経済産業省が発表した「効果的な公害防止への取り組み事例集」（平成二二年三月）には、水質汚濁防止法の排出基準に違反した企業の実例が紹介されています。

それによれば、ある大企業では、自社の汚水によって漁業の風評被害を招いたとして、漁協等に六三〇〇万円の補償金、工場の設備改修と他工場の類似事故防止に三年間で設備投資約一〇億円、さらに人件費などの追加経費として約一六億円の費用を費やしたそうです。

また、違反した中小企業では、事故対応の費用負担と社会的信用の失墜のため、操業停止・倒産に至った例もあるそうです。

環境法違反は**個人の責任**ももちろん問われますが、コスト増や社会的制裁などによって企業の持続的な経営を脅かしかねないものです。現場の問題ではなく、経営の問題として認識すべきでしょう。

しかも、環境法の遵守には、全社を挙げた遵守の仕組みを運用しなければ対応できません。環境法違反への危機感を社内で共有しながら、適切に対応していきたいものです。

環境事犯の検挙事件数

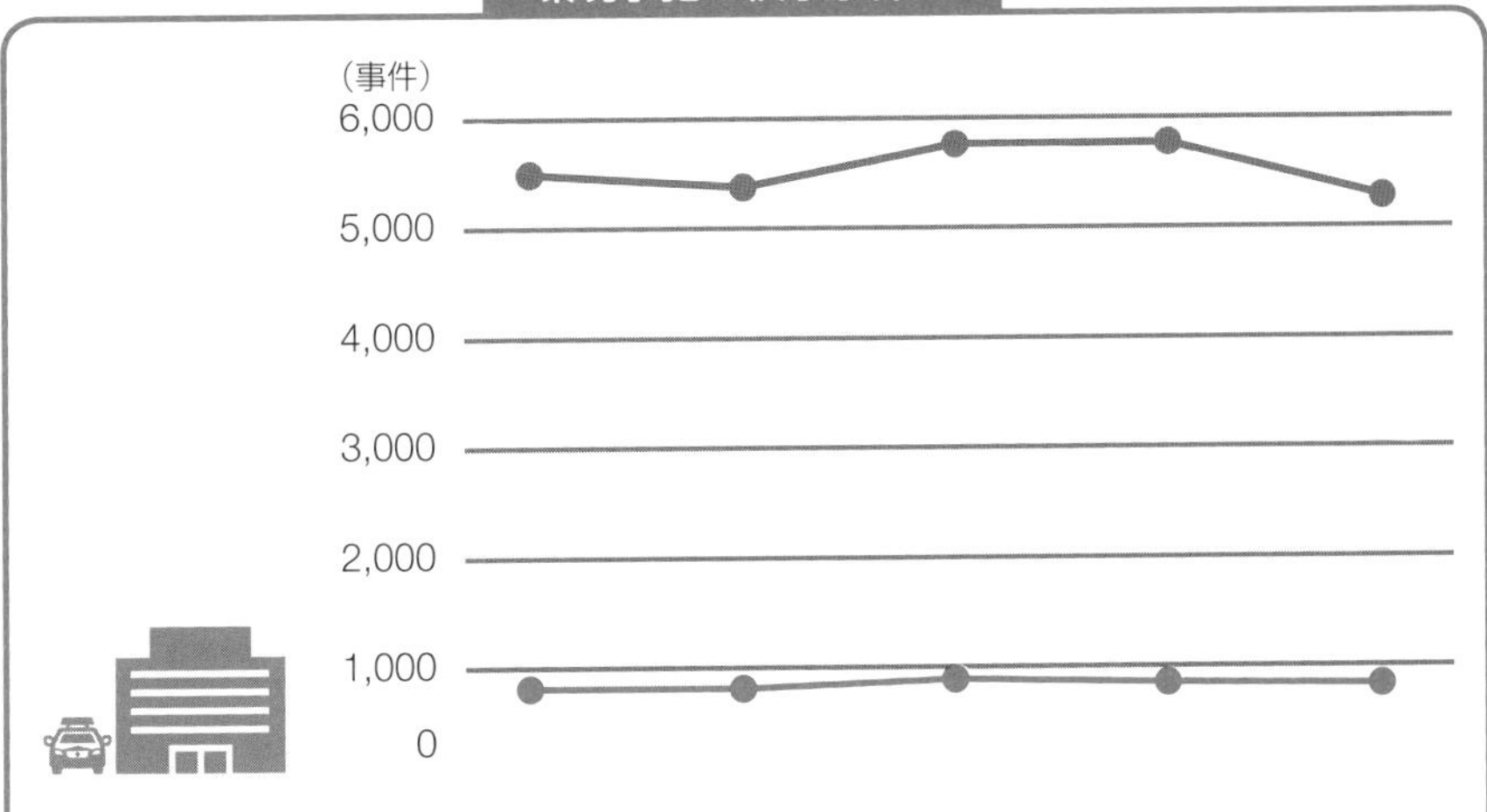

	平成30年	令和元年	令和2年	令和3年	令和4年
廃棄物事犯	5,493	5,375	5,759	5,772	5,275
廃棄物事犯以外の環境事犯	815	814	890	855	836

環境法に違反すると、実際に検挙されることがあるんだ。

環境事犯の多くは廃棄物処理法違反。特に気をつけましょうね。

「令和４年における生活経済事犯の検挙状況等について」（警察庁）（https://www.npa.go.jp/publications/statistics/safetylife/seikeikan/R04_nenpou.pdf）をもとに筆者作成

これも知っておきたい！

廃棄物処理法違反

廃棄物処理法は、複雑な条文から成っているため、理解しづらく、違反しやすい要注意の法律だ。不法投棄した場合には、五年以下の懲役や一〇〇〇万円以下の罰金などが科されるなど、罰則も厳しい。

個人の責任

環境法違反が起きた場合、企業の責任だけが問われるわけではない。本文で紹介した排水基準超過の例では、法人だけでなく、環境管理担当者等の個人も法令違反を問われて罰金が科された。

環境法とは
定義のない環境法を主体的に読む

自社に関係する法律か考える

環境法には定義がない!?

企業の環境部門が対応しなければならない「環境法」。しかし、実は、この環境法にどのような法律が入ってくるのかについて、明確なルールはありません。

例えば、環境基本法を読んでみても、**「公害」**についての定義はあるものの、「環境」の定義はありませんし、ましてや、「環境法」の定義もないのです。

多くの企業では、化学物質規制のある労働安全衛生法（安衛法）、油（危険物）規制のある消防法、毒物や劇物を規制する「毒物及び劇物取締法」（毒劇法）を環境法ととらえていることでしょう。

しかし、国や地方自治体の職員や環境法を専攻する学生たちなどに聞けば、これらの法令を環境法と答える人はほとんどいないと思います。

実際に、これらの法令の第一条の目的規定を読むと、環境保全を目的に掲げているものはありません。一般に環境法と位置付けるには確かに無理があるとも言えるのです。

実質的に環境保全の法律か?

それにもかかわらず、多くの企業がこれらの法令を環境法として位置付けているのは、化学物質や油、毒劇物が外部に流出すれば、環境汚染につながるものであり、その防止のための措置に関連する法令が、安衛法などだからです。

企業は、問題意識を持たぬまま、漫然と環境法の範囲を決めるのではなく、自らの事業と環境との関わりを見つめながら、主体的に自社がターゲットとする環境法が何かを決めることが求められるのです。

ISO14001の用語で言えば、自社の「環境側面」に関する法規制を決めていくということです。

企業の多くが環境法としてとらえている範囲を筆者の感覚で一覧化すると、図表の通りとなります。

地球環境、公害、廃棄物・3R、化学物質等、生物多様性等が主なジャンルです。この中から、自社に適用があり、自社に関連しうる環境問題と関わる法律を決めていくとよいでしょう。

環境法の全体像

環境基本法

<地球環境>	<公　害>	<廃棄物・3R>	<化学物質等>	<生物多様性等>
省エネ法	公害防止組織法	循環型社会形成推進基本法	化審法	生物多様性基本法
建築物省エネ法	大気汚染防止法	廃棄物処理法	化管法	自然環境保全法
温暖化対策推進法	自動車NOx・PM法	バーゼル法	毒劇法	自然公園法
フロン排出抑制法	水質汚濁防止法	PCB廃棄物特措法	ダイオキシン特措法	環境影響評価法
オゾン層保護法	浄化槽法	資源有効利用促進法	水銀汚染防止法	鳥獣保護管理法
再エネ特措法	下水道法	プラスチック資源循環法	労働安全衛生法	種の保存法
気候変動適応法	土壌汚染対策法	各種リサイクル法（容器包装リサイクル法等）	消防法(危険物)	カルタヘナ法
	騒音規制法	グリーン購入法		外来生物法
	振動規制法			工場立地法
	悪臭防止法			
	工業用水法			
	ビル用水法			
等	等	等	等	等

環境法に定義はありません。多くの企業がとらえている環境法を一覧化すると、こんな感じでしょうか。

これも知っておきたい！

公害

大気汚染、水質汚濁、土壌汚染、騒音、振動、地盤沈下、悪臭を指す（環境基本法二条三項）。高度経済成長の頃に社会問題となった事象を整理したものである。七つの公害なので、「典型七公害」とも呼ばれる。

ISO14001

環境マネジメントシステム（EMS）に関する国際規格。外部機関により審査を受け、認証を取得する事業者等が多い。一九九六（平成八）年に発行し、二〇〇四（平成一六）年、二〇一五（平成二七）年に改訂されて、現在に至る。意図した成果の一つとして、環境法等の遵守を意味する「順守義務」を掲げており、法令遵守にも力点を置いた規格となっている。

環境法の仕組み

法律の簡単な読み方はこれだ

まずその法の規制対象を探す

三つに分けて法律を理解する

企業の環境担当者の多くは、技術系出身の方です。法律に苦手意識が強いといわれています。ここでは、個々の環境法の簡単な読み方を解説してみましょう。

図表は、騒音規制法の体系図です(一部)。体系図だけを見ると複雑に感じますが、図表の上の矢印で示しているように、法律を読むときは、三つに分割すると理解しやすくなります。具体的には次の通りです。

①規制対象を探す…個々の法律は、地域や設備、物質、規模などで、規制すべき対象を決めています。

②義務内容を探す…その法律が規制対象に対してどのような義務を課しているのかを確認します。義務には、届出義務や規制基準の遵守義務などがあります。

③担保措置を探す…義務を課す条文を定めても、それに違反した場合の制裁がなければ誰もそれを守ろうとはしないでしょう。そこで、義務に違反した場合の罰則などの担保措置を定めています。

自社が規制対象か否か

以上のことを図表で示した騒音規制法を例に説明します。

騒音規制法の規制対象の一つである、工場・事業場の騒音の規制を見てみましょう。

まず、上記の①となる規制対象を探してみると、本法の規制対象は、「指定地域内で、かつ、**特定施設**を設置している場合」となります。つまり、「指定地域外で特定施設がある場合」や、「指定地域内で騒音を出しているが特定施設がない場合」は、本法の規制対象外となります。

次に、②の義務内容を探してみると、特定施設の届出義務や規制基準の遵守義務などがあります。

これらの義務に違反した場合、③の担保措置として、基準違反であれば、改善勧告や改善命令が出され、それに違反すれば罰則が適用されます。

多くの環境法が以上のような仕組みとなっています。環境法を読むときは、まずその法律の全体像を眺め、規制対象を確認し、自社が該当するか否かを検討することです。

個々の環境法の読み方

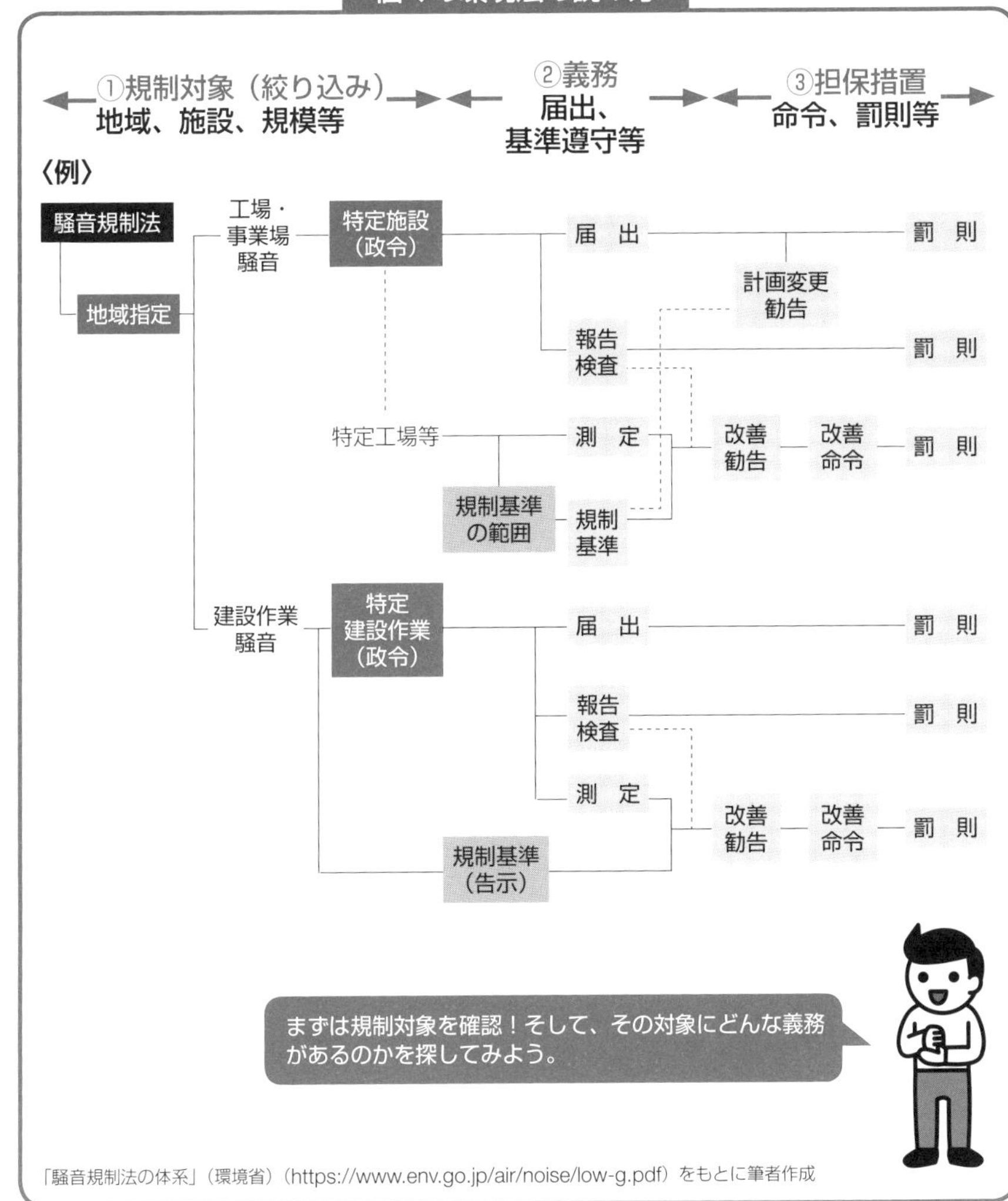

これも知っておきたい！

騒音規制法の特定施設

騒音規制法では、主に原動機の定格出力が七・五kW以上の空気圧縮機及び送風機など一一の設備を特定施設に定めている（本法施行令別表一）。工場などで騒音を発生させる設備には様々なものがあるが、意外なほど規制対象は狭い。

地方自治体の騒音規制

騒音規制法の規制対象が狭いことを踏まえて、多くの自治体の条例では、本法の規制対象外の設備に対して規制措置を定めている。例えば、三・七五kW以上の空気圧縮機等を規制対象にする条例は珍しくない。

法令の種類

法令と法令の関係を理解

「法・令・則」を一体で読む

法律と下位法令

一つの法令だけで、規制内容がすべて定められているケースはほとんどありません。通常は、複数の法令が一つのかたまりとなって規制体系を形作っているものです。

水質汚濁防止法を例に説明します。本法は、工場・事業場の排水規制等を行う重要な法律ですが、本法だけで規制をしているわけではありません。例えば、本法の排水規制の対象である「特定施設」は、本法には書かれていません。本法二条二項では、「次の各号のいずれかの要件を備える汚水又は廃液を排出する施設で政令で定めるものをいう」とのみ定められているのです。

「政令」とは、水質汚濁防止法施行令のことです。その別表一に特定施設がズラリと具体的に掲げられています。

また、排水基準の対象物質や規制値を確認しようとしても、本法には書かれていません。本法三条一項には、「排水基準は、排出水の汚染状態(熱によるものを含む。以下同じ。)について、環境省令で定める」と定められているのみです。

ここで言う「環境省令」とは、実際には、「排水基準を定める省令」(昭和四六年総理府令三五号)のことです。そこには、例えば、有害物質であるトリクロロエチレンの排水基準値として、「一ℓにつき〇・一mg」と定めています。

水質汚濁防止法の規制全体を把握しようとすれば、図表のように関連する政令や省令、告示なども確認することが必要となるのです。

「法・令・則」セットで法令を読む

法令の規制事項を把握しようとするとき、「法・令・則」を意識しながら、関連法令を探すのがわかりやすいでしょう。

図表のように、多くの環境法は、〇〇法（法律）―〇〇法施行令（政令）―〇〇法施行規則（省令）と、「法・令・則」の三セットとなっていることが多いのです。

これを意識しながら、セットで法令を読むと全体像が容易に理解できることでしょう。

法律と下位法令の関係

●水質汚濁防止法の例

法令の種類		位置付け	関連する法令（例）
法律		政令等の上位にあり、国会が定める	○水質汚濁防止法（昭和45年12月25日法律138号）
下位法令	政令	施行令などがあり、内閣が定める	○水質汚濁防止法施行令（昭和46年6月17日政令188号）
	省令等	施行規則などがあり、大臣等が定める	○水質汚濁防止法施行規則（昭和46年6月19日総理府、通商産業省令2号） ○排水基準を定める省令（昭和46年6月21日総理府令35号）
	告示	大臣等が定める	○環境大臣が定める排水基準に係る検定方法（昭和49年9月30日環境庁告示64号）

法律の下に下位法令がいくつもある。「法・令・則」をセットで読むのがコツだね。

これも知っておきたい！

上位法を必ず確認すること

政令や省令の条文を読むときは、その上位法令の条文がどのようになっているのかを確認すべきである。

廃棄物処理法施行令二条では、産業廃棄物として、金属くずなど一四種類が掲げられているが、産業廃棄物が一四種類だけというわけではない。

その上位法である廃棄物処理法二条四項一号には、「事業活動に伴って生じた廃棄物のうち、燃え殻、汚泥、廃油、廃酸、廃アルカリ、廃プラスチック類その他政令で定める廃棄物」とあるのだ。政令の一四種類に加えて、法律で六種類が定められており、計二〇種類となる（原則）。

環境法の読み方

義務規定を見極める

義務と努力義務

条文の末尾に注目！

義務規定と努力義務規定の区分

法律には、「事業者の責務」の規定など、個別具体的な義務を企業に課すわけではない規定が少なくありません。

法規制に対応するために企業が法律の情報を整理する場合、その法律が自社にどのようなことを義務付けているかを的確に把握することが重要です。そのためには、「義務規定」と「努力義務規定」を区分しなければなりません。

図表で掲げた条文は、「地球温暖化対策の推進に関する法律」（温暖化対策推進法）のものです。左の条文が義務規定、右の条文が努力義務規定です。

二つの条文の、その末尾に注目してください。左の場合、「……しなければならない。」となっています。この条文は、大量に温室効果ガスを排出する事業者に対して、排出量を報告させることを義務付けた規定です。

この規定に違反して未報告や虚偽の報告をした場合は、二〇万円以下の過料という罰則があります。

こうした表現や、「……してはならない。」という表現のように、命令調になっている条文は、義務規定と考えるとわかりやすいでしょう。

一方、右の場合、「……するよう努めなければならない。」となっています。企業に対していわば抽象的に温室効果ガスの排出削減に努めることを求めているにすぎません。

こうした表現は、典型的な努力義務規定といわれています。違反（？）した場合の罰則なども基本的にはありません。

適用される義務規定を見逃さない

自社に適用される法規制をまとめた一覧表（「法規制登録簿」などと呼ばれることが多い）を作成する際、努力義務規定を掲載することはその企業の自由です。しかし、少なくとも、義務規定を確実にチェックできるようにすべきです。

条文という広大な「海」の中から、義務規定をリストアップし、かつ、自社に適用される義務規定をさらに抽出する作業が不可欠です。

義務規定と努力義務規定の例

●温暖化対策推進法

義務規定の例	努力義務規定の例
（温室効果ガス算定排出量の報告） 26条1項　事業活動……に伴い相当程度多い温室効果ガスの排出をする者として政令で定めるもの（以下「特定排出者」という。）は、毎年度、主務省令で定めるところにより、主務省令で定める期間に排出した温室効果ガス算定排出量に関し、主務省令で定める事項…を当該特定排出者に係る事業を所管する大臣（以下「事業所管大臣」という。）に報告しなければならない。	（事業活動に伴う排出削減等） 23条　事業者は、事業の用に供する設備について、温室効果ガスの排出の量の削減等のための技術の進歩その他の事業活動を取り巻く状況の変化に応じ、温室効果ガスの排出の量の削減等に資するものを選択するとともに、できる限り温室効果ガスの排出の量を少なくする方法で使用するよう努めなければならない。

左は、条文の末尾が「…しなければならない」となっているから義務規定だね。

右は、「…するよう努めなければならない」となっているから努力義務規定ね。

これも知っておきたい！

直罰と間接罰

法律の罰則は、「直罰」と「間接罰」に分類される。直罰は、ある規定に違反した場合、直ちに罰則が適用される。一方、間接罰は、違反した場合、改善勧告や改善命令などを経て、そうした命令に違反した場合に初めて罰則が適用される。

罰則のない義務規定（?）

いくつかの都道府県等の条例で定める産業廃棄物処理場への「実地確認義務」規定では、違反しても罰則はない。これが義務なのか努力義務なのか、見解は分かれる。ただし、行政の指導はありえる。未実施の事業者に勧告、氏名公表の規定を設ける条例もある。実務上は、義務規定と考えて対応したほうがよいだろう。

環境法の読み方

公布・施行

いつ自社への規制が始まるか？

常に「施行日」を意識する

法律ができるまでの流れとは？

法律は、国会で制定されるものです。制定までの間や、制定後に社会に適用されるまでの間の動きには様々な流れがありますが、一般的には、図表のように動きます。

新しい法案や改正法案が国会に出る前、多くの場合、環境省や経済産業省など、中央省庁に設置されている様々な審議会でその必要性が審議されます。

そこで法改正等が必要であるという答申等が出されると、次に省庁において法案がまとめられ、国会へ提出されます。

国会は、一年の前半、おおむね一月から六月までの間、通常国会が開かれています。多くの法案はその会期末、つまり六月くらいに成立しています。

国会で法案が成立すると、数日以内に官報で公布されます。

官報で公布されたからと言って、すぐにその法律が社会に適用されることはあまりありません。

法令の効力が発動されることを「施行」と言います。ある法律が施行されるには、一般に政令や省令、告示などの細かなルールを定めなければなりません。六月に公布された法律を翌年の四月に施行させることがよく見られますが、政省令等はそれまでの間に整備されることになります。

いつ時点の情報かを把握する

環境法の最新動向に関する情報入手をするとき、ただ漫然とその内容を見るのではなく、「その規制はいつから始まるのか」という問題意識を持つことが大切です。

つまり、その法の施行日がいつなのかを意識しながら、自社の対応方法を考えなければなりません。

環境法は、毎年何本も新法ができたり、法律が改正されたりしています。法律レベルでなく、政省令等の細かな改正は恒常的に行われています。

法改正に対応できずに法から逸脱する企業が少なくありません。施行日を念頭に置きながら、計画的な対応が望まれます。

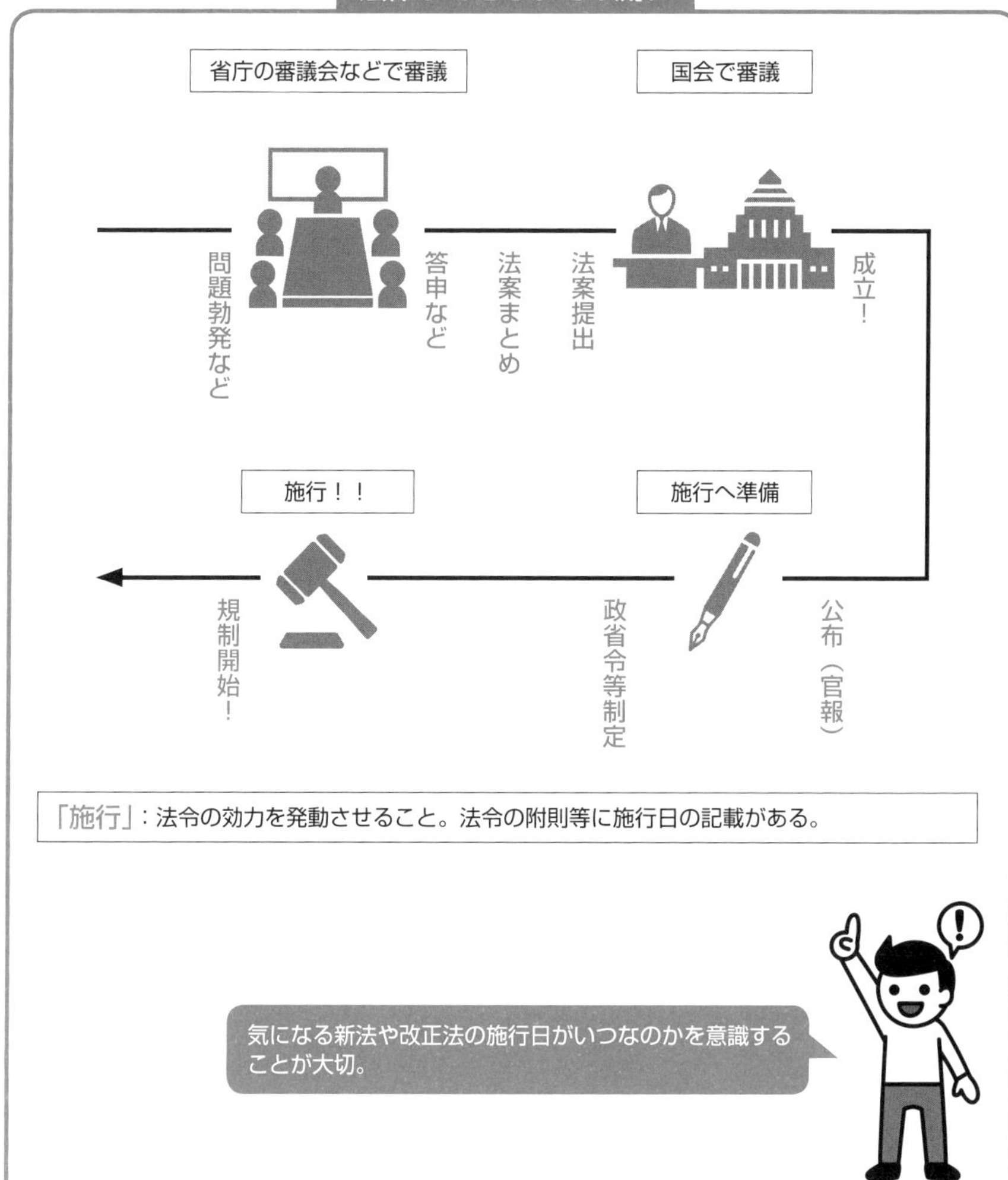

これも知っておきたい！

内閣提出法案

文字通り、内閣が国会へ提出する法案のこと。多くの環境法も内閣提出法案が成立したものだ。内閣法制局によれば、令和五年通常国会では、六〇本の内閣提出法案のうち実に五八本が成立している。

内閣提出法案としてまとまったら、成立することを前提に自社の対応方法を考えておくとよいだろう。

国際動向と環境法

なぜ国際動向に気をつけるか？

国際動向で規制が強化される！

国際動向の影響が強い環境法

環境法がなぜ規制強化されるか。

国内で環境汚染の事件が起きて法が制定されることもありますが、国際社会での環境保全の動きが強まり、国内法が厳しくなる傾向が強いと言えるでしょう。

例えば、ＰＣＢ（ポリ塩化ビフェニル）廃棄物の早期処分に向けて平成二八年に「ポリ塩化ビフェニル廃棄物の適正な処理の推進に関する特別措置法」（ＰＣＢ廃棄物特措法）が改正されました。

ＰＣＢの全廃の動きは、そもそも国際**条約**ができたためです。ストックホルム条約ができ、日本もそれを批准するために、国内法として整備されたのが本法だったのです。条約では、その全廃期限を決めています。それを担保するために、本法ができ、その処分に向けた体制が整備されました。

二八年の改正は、この国内法上の期限内の処分がいよいよ間に合わなくなるおそれが出てきたために実施されたものです。

温暖化の分野でも同様の動き

近年では、地球温暖化の分野で、国際動向が日本国内の規制強化に大きな影響を及ぼしています。

典型的な例が、平成九年にできた京都議定書です。日本を含む先進国の温室効果ガス排出量に法的拘束力のある数値目標を設定したものでした。これによって、国内法の改正や温暖化対策条例が相次いで制定されるなど、国内の対策は一気に進みました。

二七年には**「パリ協定」**が採択されました。これを受けて日本は、二八年に地球温暖化対策計画を定めました。令和元年にはフロン排出抑制法改正などが行われました。三年には温暖化対策推進法が改正され、西暦二〇五〇年の「脱炭素社会」の実現が明記されました。今後も国内対策は進むことでしょう。

こうした動きは、化学物質規制の分野でも言えます。

企業の環境担当者は、国内のみの操業であっても、国際動向にも目を配るべきです。

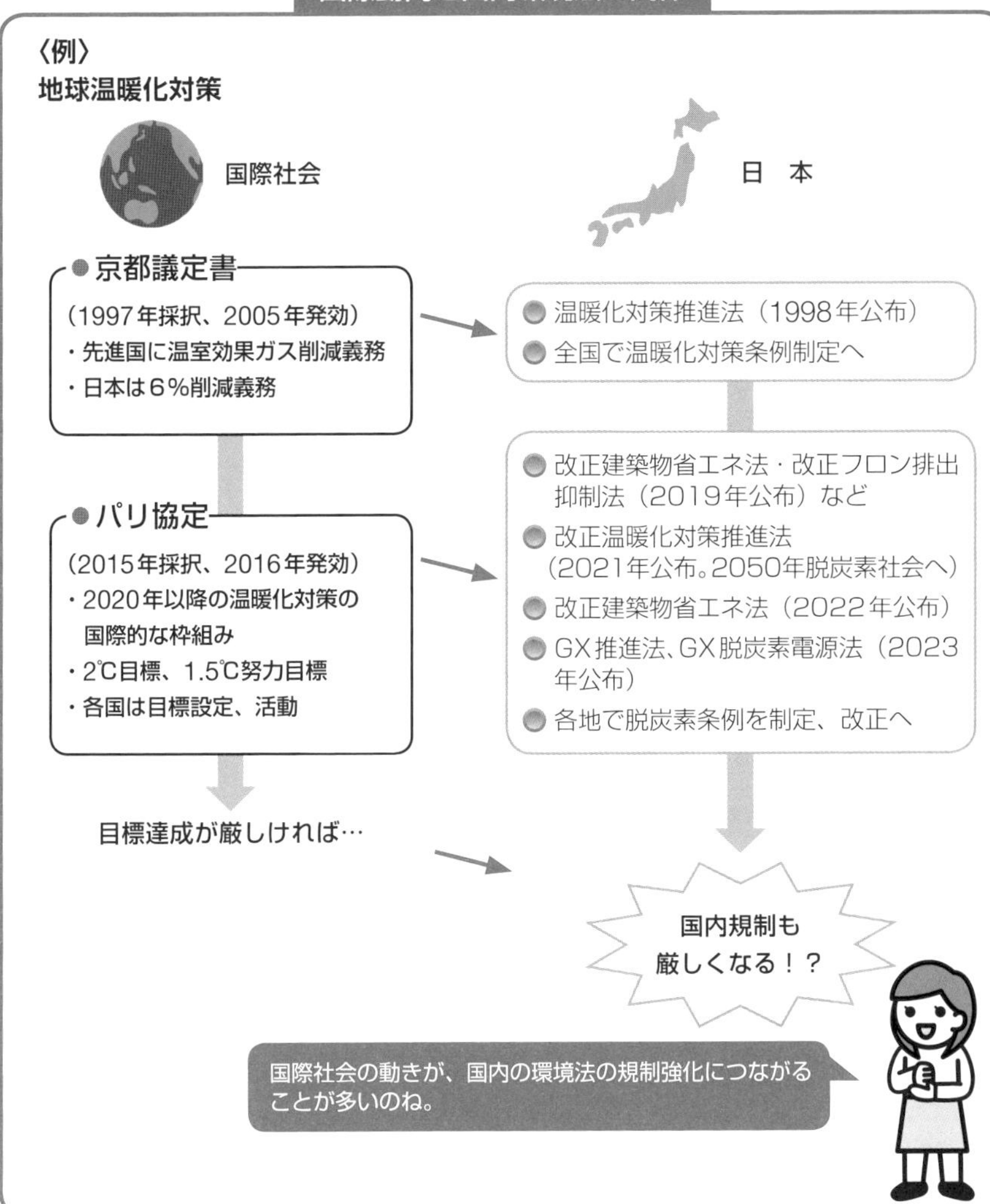

これも知っておきたい！

条約

国家間又は国家と国際機関との間などで結ばれる法的な合意。

本文の通り、条約で国家間等がある合意をすると、各国は国内法を整備して条約の約束を果たすことが求められる。

パリ協定

二〇一五年（平成二七年）にパリで採択。地球温暖化対策に関する二〇二〇年以降の新たな国際的な枠組みである。

世界共通の長期目標として、温暖化による気温上昇を二℃に抑える目標を定め、また一・五℃の努力目標も定めた。各国に削減目標の五年ごとの提出と取組みの前進などを求める。

環境条例の読み方

環境条例の注意点

気づけば条例違反も？

条例規制に気づかない企業が多い

ある違反事例

国の法規制には対応していても、地方自治体の**条例**規制には対応できていない企業が少なくありません。

兵庫県内のある工場では、立入検査に訪れた行政職員から「騒音関係で、届出漏れの設備が多数ある」と行政指導を受けました。

国の騒音規制法の対応には問題なかったのですが、兵庫県条例に対応していないというのです。

図表の通り、兵庫県には、「環境の保全と創造に関する条例」があり、そこでは、国の法令の対象外にも厳しい規制を課しています。

独自の騒音規制も広範囲に定めています。国の騒音規制法では、主に七・五kW以上の送風機など一一施設を規制対象としています。

一方、兵庫県条例では、三・七五kW以上の送風機も対象にしています。中には、「グラインダー（サンダー及び切断機を含み、工具用研磨機を除く。）」のように、規模要件もなく規制対象としている設備も多数あり、対象施設数は実に四四もあったのです。

条例を調べる社内手順を

この企業には、国の法令を調べる社内手順はあったものの、条例を調べる手順が実質的にはありませんでした。そうした中で、長年違反していることに気づかずに操業してきたのです。

兵庫県条例のように、国の法規制とは別に独自規制を設けている条例は、多数あります。公害規制はもちろん、温暖化対策の独自条例もあります。大規模に温室効果ガスを排出する都道府県内の事業所に対策計画等を義務付ける規制などがあります。

都道府県ばかりではありません。市町村の条例にも注意が必要です。例えば、大規模な建築物において廃棄物管理者の選任や減量計画の提出義務を課している廃棄物条例も珍しくありません。

こうした自治体の条例に対応していない企業が散見され、時には行政指導を受けているのです。継続的な対応手順の確立が求められています。

騒音の条例規制の例（兵庫県）

騒音規制法 （国）	⟷	環境の保全と創造に関する条例 （兵庫県）
規制対象（本法施行令別表1）		規制対象（本条例施行規則別表6〔9条関係〕）
⋮		⋮
2　空気圧縮機（一定の限度を超える大きさの騒音を発生しないものとして環境大臣が指定するものを除き、原動機の定格出力が7.5キロワット以上のものに限る。）及び送風機（原動機の定格出力が7.5キロワット以上のものに限る。）	⟷	11　圧縮機　動力が7.5キロワット以上のもの 12　送風機　動力が3.75キロワット以上のもの
⋮		⋮
（規定なし）	⟷	32　グラインダー（サンダー及び切断機を含み、工具用研磨機を除く。）　すべてのもの

兵庫県は、「環境の保全と創造に関する条例」に基づいて、騒音規制法の対象施設以外の施設にも届出義務などを課しているのね。

条例もきちんと調べないといけないな。

これも知っておきたい！

条例

都道府県や市町村などの自治体が定める法令。それぞれの自治体の議会で定められる。

条例の制定範囲

憲法九四条と地方自治法では、国の法令に違反しない限りにおいて条例を制定することを自治体に認めている。

また、義務を課し、又は権利を制限するには、法令に特別の定めがある場合を除くほか、条例によらなければならないことも定めている。

環境条例の調べ方
パターンを知れば難しくない

「3×2」ステップを忘れずに

典型的な環境条例のメニュー

条例は、国の法令に違反しない限り、都道府県や市町村の判断で、自由に作ることができます。条例の名称も様々です。

ただ、全国の環境条例を見ていると、一定の傾向を読み取ることはできます。これを踏まえて条例を調べると、だいぶ楽になるはずです。

すべての都道府県には、「生活環境保全条例」や「公害防止条例」などと呼ばれる条例があります。

国の法令の場合、「大気汚染防止」は大気汚染防止法などで対応するなど、個別の環境テーマごとに一つの法令をつくっています。しかし、地方自治体の場合は、大気汚染を含む公害全般の規制などを一つの条例で定めているのが一般的です。

生活環境保全条例は、かつては公害防止条例でした（現在でも公害防止条例のままの自治体もあります）。それを、地球温暖化や廃棄物、化学物質などの対策も盛り込み、公害防止条例をいわばバージョンアップさせて、現在の姿になりました。

この条例では、大気・水質・騒音・振動について、ほぼすべての都道府県で、国の法律の対象施設以外の施設に対して届出・規制基準遵守などを義務付けています。

生活環境保全条例とは別に、温暖化対策条例を独立させて制定している自治体もあります。大規模排出事業者への計画書提出制度などを定めているところもあります。

さらに、廃棄物対策条例を定めている自治体もあります。排出事業者への処理委託先への実地確認義務など、独自規制が多いのが特徴です。

特徴を踏まえた条例調査を

企業が環境条例を調べる際には、まずは生活環境保全条例を調べる必要があります。その次に、温暖化と廃棄物の条例をそれぞれ調べます。

自治体は都道府県と市町村の二層構造になっているので、自社の所在地にある都道府県と市町村それぞれについて、この三ステップを踏んだ調査を二回行うという、いわば「3×2」ステップで、最低限の調査を効率よく行うとよいでしょう。

環境条例を調べるときの「3×2ステップ」

③ステップ

ステップ1　生活環境保全条例を調べる

- 地球温暖化対策の規制があることも（別条例の場合も）
- 廃棄物規制があることも（別条例の場合も）
- その他、化学物質、自然環境など規定があることも

ステップ2　温暖化対策条例を調べる

- 生活環境保全条例とは別に、大規模排出事業者への計画書提出制度などを規定

ステップ3　廃棄物対策条例を調べる

- 排出事業者への処理委託先への実地確認義務など、独自規制が多い

×

②ステップ

1 都道府県
＋
2 市町村

＋これも知っておきたい！

生活環境保全条例の名称

公害規制やその他の環境保全対策を定める条例の名称は、自治体によって様々だ。徳島県のように、生活環境保全条例とそのまま定めている場合もあるが、東京都のように、「都民の健康と安全を確保する環境に関する条例」（環境確保条例）といった名称の場合もある。

市町村の環境条例

市町村では、都道府県と比べて環境条例の数はそれほど多くはない。ただし、廃棄物関連の条例は定められており、その中で独自規制をしている場合がある。

環境条例の読み方

生活環境保全条例

自治体の規制の要（かなめ）

特徴はあるが、内容は様々

企業が第一に気をつけるべき生活環境保全条例や公害防止条例。

図表の通り、現在では、すべての都道府県で制定済みです。公害防止の独自規制を中心に、地球温暖化や廃棄物、化学物質などの対策も盛り込んでいる条例が一般的です。

しかし、具体的な内容は地方自治体によって様々なので注意しなければなりません。

「大阪府生活環境の保全等に関する条例」の場合、ばい煙や解体時の石綿（アスベスト）対策、自動車排ガス規制などの大気汚染規制、排水規制、地盤沈下対策、地下水対策、

規制対象の該当有無を確認

土壌汚染対策、化学物質管理対策、騒音・振動規制などを定めています。

例えば、石綿規制では、大気汚染防止法にはない規制として、発注者等に石綿含有成形板等の合計の使用面積が一〇〇〇㎡以上の場合に届出を義務付けています。

府の生活環境保全条例は第一条から第一一八条まであり、大型の条例ですが、一方で、気候変動や資源循環に関する条例も別にあります。

広範囲で多種多様、必ず確認を

大阪府条例よりも規制テーマの広い生活環境保全条例もあります。

「ふるさと石川の環境を守り育てる条例」は、二七二条まであります。県の施策の方向性を示す規定のほかに、公害や廃棄物、化学物質、土砂埋立て、温暖化などを定めていますが、そればかりではありません。

自然環境保全地域の指定、里山里海保全、県立自然公園制度、環境影響評価など、自然環境の保全に関する対策を定めた規定も多く見られます。多くの都道府県では、これらについては生活環境保全条例とは別に「〇〇県自然環境保全条例」などを定めていますが、石川県は一本の条例に統合しているわけです。

このように、一言で「生活環境保全条例」と言っても、その内容は広範囲で、多種多様です。都道府県や市町村の生活環境保全条例の中に、自社への規制が含まれていないかチェックする必要があります。

生活環境保全条例の特徴

- かつての公害防止条例（現在でも公害防止条例のままの自治体も）
- 多くの自治体で公害防止条例を改正し、**公害対策にその他環境政策を追加**
- 都道府県（47）・政令指定都市（20）のうち60自治体で制定（**47都道府県はすべて**）
- 公害規制では、大気・水質・騒音・振動について、ほぼすべての都道府県に、**国の法律の対象施設以外の施設に対して届出・規制基準遵守などを義務付け**
- 地球温暖化対策や廃棄物の規制があることも（**別条例の場合も**）
- その他、**化学物質、自然環境**などの規定があることも

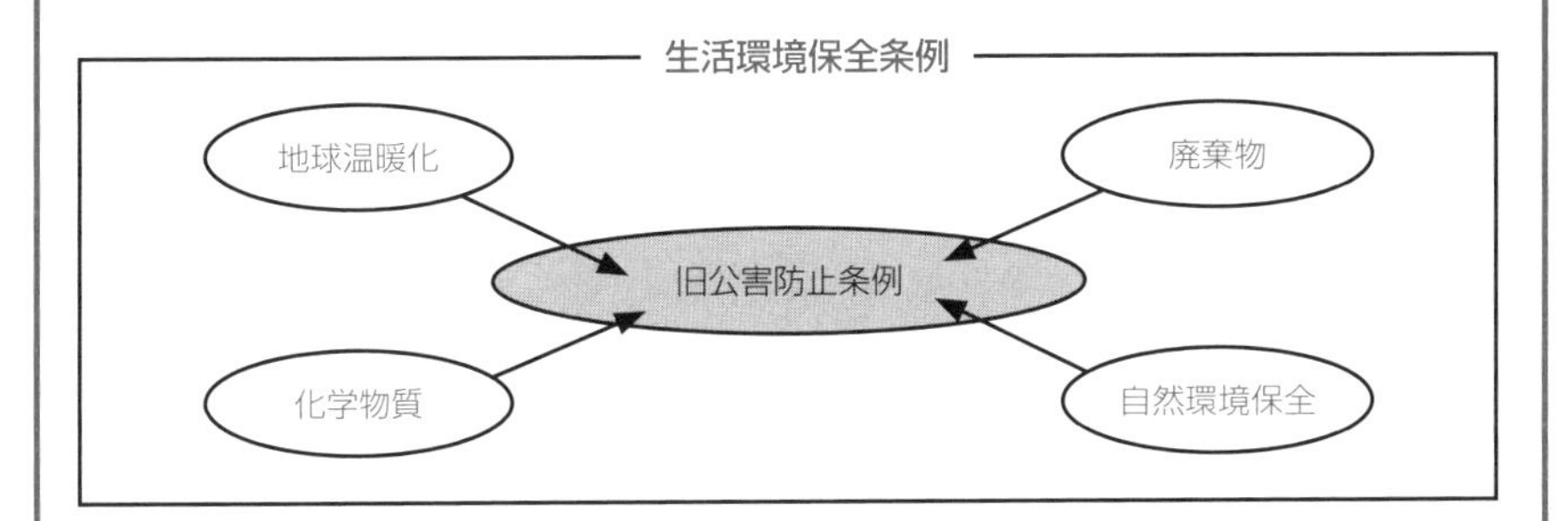

これも知っておきたい！

最近の条例動向

　過去数年の各地の条例動向を見てみると、相変わらず様々なテーマの条例が続々と制定・改正されている。

　栃木県のカーボンニュートラル実現条例（令和五年公布）、東京都の改正環境確保条例（五年公布）、岐阜県の「地球温暖化防止及び気候変動適応基本条例」（三年公布）、鳥取県の「盛土等に係る斜面の安全確保に関する条例」（三年公布）などがある。

　こうした条例の規制は、国の法律の規制とは異なる独自のものもあるので注意が必要だ。

　例えば、茨城県では、霞ヶ浦へ排水する小規模事業所にも、基準に違反した場合は最終的には罰則を適用できるよう平成三一年に生活環境保全条例が改正され、令和三年に全面施行された。

環境条例の読み方

上乗せ・横出し規制

自治体独自の規制範囲を知る

国の法規制と照合する

「上乗せ」とは

環境法の図書や冊子を見ていると、しばしば「上乗せ」「横出し」**「裾切り」「裾下げ」**などの言葉が出てきます。

図表のように、「上乗せ」とは、国の法令で定めた規制値よりも厳しい規制値を定めることを言います。

大気汚染防止法では、都道府県に対して、法の排出基準では大気汚染防止が不十分な地域では、都道府県が条例によって法の排出基準よりも厳しい基準を定めることを認めています（ばいじん、有害物質）。こうした基準を一般に「上乗せ基準」などと呼ぶのです。

実際に、この規定を受けて、二〇前後の都道府県が、生活環境保全条例や上乗せ基準条例を制定し、上乗せ基準を定めています。

水質汚濁防止法にも同様の規定があり、実に全都道府県において上乗せ排水基準を定めています。

上乗せ基準に違反した場合は、大気汚染防止法や水質汚濁防止法などに違反したものとして取り扱われます。

「横出し」とは

一方、「横出し」とは、国の法令が定めていない項目を規制することを言います。

例えば、水質汚濁防止法の排水基準の規制対象となる項目には「水の色」はありません。これを自治体が規制する場合は、生活環境保全条例などにおいて独自にこの項目を設定し、本法とは別に、対象施設の届出や排水基準の規制対象を設け、規制しなければなりません。

また、多くの都道府県条例では、本法が規制対象としていない施設を独自に規制する規定も見られます。横出し規制に違反した場合は、条例に違反したものとして取り扱われます。

「横出し規制」を含めて「上乗せ規制」と呼ぶ人も多く、用語の使用方法に明確なルールがあるわけではありません。しかし、環境規制の特徴をつかむという意味では、便利な用語ですので、覚えておくとよいでしょう。

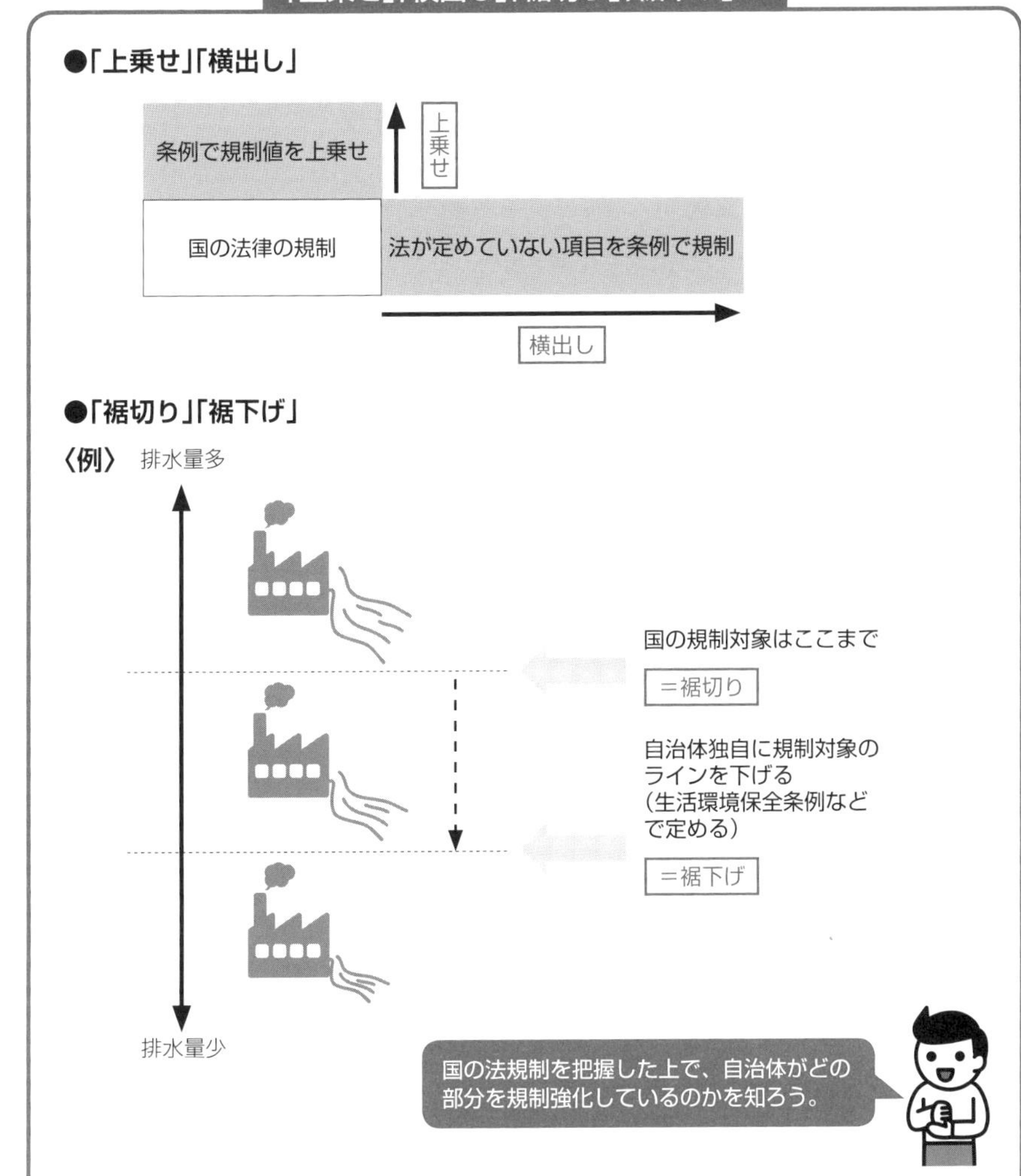

＋これも知っておきたい！

裾切りと裾下げ

「裾切り」と「裾下げ」について、騒音規制法を例に説明する。

本法では、空気圧縮機を特定施設として規制しているが、その要件を主に「七・五kW以上」と設定している。つまり、七・五kW未満は「裾切り」を行い、規制対象外としている。

一方、多くの条例で、三・七五kW以上の空気圧縮機についても、条例に基づき、届出や規制基準遵守を義務付けている場合がある。これによって、規制対象を「裾下げ」し、規制対象を広げている。

COLUMN

■ 環境法・条例のオススメ本とは？

研究者の著作でわかりやすいものとして、北村喜宣氏（上智大学法学部教授）の『**プレップ環境法〈第2版〉**』（弘文堂・平成23年）や『**環境法 第2版**』（有斐閣・平成31年）があります。環境法を初めて学ぶ学生向けですが、企業担当者にとっても入門書になります。北村氏の『**企業環境人の道しるべ―より佳き環境管理実務への50の法的視点―**』（第一法規・令和3年）は、企業担当者向けのエッセイ集で、興味深い論点が満載です。

環境条例については、筆者の『**企業担当者のための環境条例の基礎―調べ方のコツと規制のポイント―**』（第一法規・令和3年）が、環境条例の調べ方のコツや規制のポイントをまとめてあるので、環境条例の入門書としてよいでしょう。また、この分野では、北村氏の『**自治体環境行政法（第9版）**』（第一法規・令和3年）が定番です。

個々の法律の解説については、筆者も執筆者の『**ISO環境法クイックガイド**』（第一法規・毎年刊行）があります。約80の環境法の概要と遵守事項を一覧化し、毎年、法改正を反映させて刊行し続けています。

鈴木敏央氏の『**新・よくわかるISO環境法（改訂第18版）―ISO14001と環境関連法規**』（ダイヤモンド社・令和5年）は、最も企業関係者に広く読まれている企業向け環境法の単行本です。

環境法を深く学習してみたい方には、北村氏の『**環境法（第6版）**』（弘文堂・令和5年）や大塚直氏（早稲田大学法学部教授）の『**環境法BASIC（第4版）**』（有斐閣・令和5年）があります。大学の法学部や法科大学院において環境法を学ぶ際の標準テキストとして利用されています。

Unit 2

これだけは知っておきたい！主要環境法の法令別ポイント

基本的事項

環境基本法①

事業者の責務とは?

悩んだとき、指針に活用しよう

環境保全の理念とは

環境基本法は、その名の通り、環境保全に関する基本的な枠組みを定めた法律です。平成五年に公害対策基本法に代えて、地球環境保全などの新たな社会的要請を踏まえて制定されました。

本法では、環境保全の基本理念を次のように示しています。

①現在及び将来の世代の人間が環境の恵沢を享受し、将来に継承
②すべての者の公平な役割分担の下、環境への負担の少ない持続的発展が可能な社会の構築
③国際的協調による積極的な地球環境保全の推進

また、国などの施策策定の指針として、①環境の自然的構成要素を良好に維持、②生物多様性の確保等、③人と自然との豊かなふれあいの確保――を定めています。

具体的な義務規定はない

本法八条には、「事業者の責務」として、次の四つの責務を示しています。

①事業活動に伴って生ずる公害を防止し、又は自然環境を適正に保全するために必要な措置を講ずる
②製品その他の物が廃棄物となった場合、適正処理に必要な措置を講ずる
③製品その他の物による環境負荷低減に努め、負荷低減に資する原材料、役務等を利用する
④国や地方自治体の施策に協力する

本法について、環境マネジメントシステム（ＥＭＳ）における環境法の管理シート（「法規制登録簿」など）に掲載すべきかどうかを悩む企業担当者がいます。

本法は企業への具体的な規制措置を定めていないので、管理シートに収録しないという選択肢もありえるでしょう。

一方、企業がＥＭＳを構築・運用する際に、本法の理念や事業者の責務については活動の指針として活用することができます。

その意味では、排水基準の遵守などの義務規定とは異なる取扱いを理解した上で、シートに収録することもよいでしょう。

環境基本法の体系

1．総則

環境保全の基本理念（3～5条）

① 現在及び将来の世代の人間が環境の恵沢を享受し、将来に継承
② すべての者の公平な役割分担の下、環境への負担の少ない持続的発展が可能な社会の構築
③ 国際的協調による積極的な地球環境保全の推進

各主体の責務（6～9条）

国　地方自治体　事業者　国民

2．環境の保全に関する基本的施策

施策策定の指針（14条）

① 環境の自然的構成要素を良好に維持
② 生物多様性の確保等
③ 人と自然との豊かなふれあいの確保

環境基本計画の策定（15条）

国の具体的施策（16～35条）
（例）
・大気汚染、水質汚濁、土壌汚染、騒音に係る環境基準
・規制

地方公共団体の施策（36条）

費用負担等（37～40条）
原因者負担／受益者負担／国と地方の関係（37～40条）

3．環境の保全のための組織

中央環境審議会の設置など（41～46条）

本法は、環境保全の基本理念などとともに、国などの基本的な施策を提示しています。事業者の責務規定があり、参考にすべきですが、具体的な義務を定めたものではありません。

「環境基本法の概要」（環境省）（https://www.env.go.jp/council/21kankyo-k/y210-01/mat_04_1.pdf）をもとに筆者作成

基本的事項

環境基本法②

環境基準って何？

規制基準と混同しない

環境基準は行政の目標値

環境汚染がニュースで報じられるとき、しばしば「汚染は、環境基準の○倍です」などといわれますが、そもそも環境基準とは何でしょうか。

環境基準は「基準」という名が付いていますが、大気汚染防止法のばい煙排出基準や、水質汚濁防止法の排水基準のように、企業を直接規制する、いわゆる規制基準とは全く異なるものです。

環境基本法一六条一項では、「政府は、大気の汚染、水質の汚濁、土壌の汚染及び騒音に係る環境上の条件について、それぞれ、人の健康を保護し、及び生活環境を保全する上で維持されることが望ましい基準を定めるものとする」としています。この「望ましい基準」が環境基準のことです。さらに同条四項では、政府に対して、公害防止施策を総合的かつ有効適切に講ずることにより、この環境基準が確保されるように努めることを求めています。

つまり、環境基準とは、国自らが設定する行政の環境目標値だと考えるとわかりやすいでしょう。

環境基準は目標、規制基準は手段

環境基準の例に、「水質汚濁に係る環境基準について」（昭和四六年環境庁告示五九号）があります。

この中で、例えばカドミウムの水質環境基準は、〇・〇〇三mg／ℓ以下と定められています。

一方、この環境基準に関連する（企業を規制する）規制基準の例として、水質汚濁防止法に基づく「排水基準を定める省令」（昭和四六年総理府令三五号）があります。この中で、カドミウムの排水基準は、〇・〇三mg／ℓが許容限度と定められています。

このように、環境基準は目標なので規制基準よりも高い目標値が設定されています。

行政は、環境基準を実現させるために様々な施策を実施します。その一つとして、個別の企業への規制基準を設定するのです。いわば、「環境基準は目標、規制基準はその目標を実現させる手段」というわけです。

環境基準と規制基準の関係（イメージ）

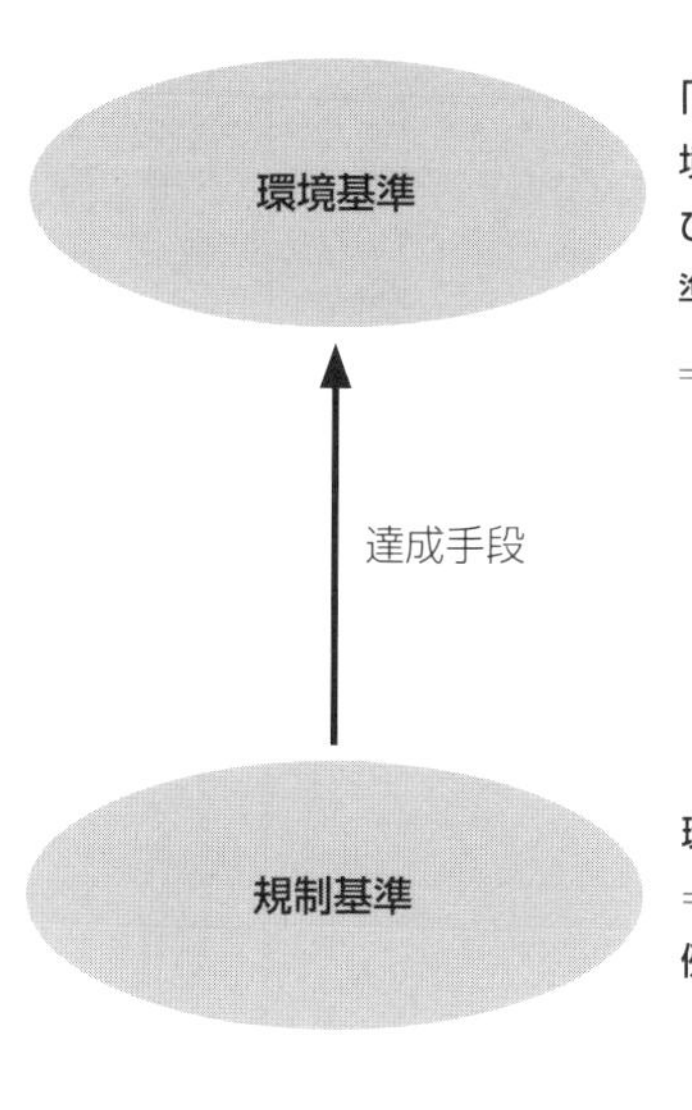

「大気の汚染、水質の汚濁、土壌の汚染及び騒音に係る環境上の条件について、それぞれ、人の健康を保護し、及び生活環境を保全する上で維持されることが望ましい基準」（環境基本法）

⇒行政の目標値

環境基準という目標を達成する一つのツール
⇒目標の達成手段の一つ
例：水質汚濁防止法に基づく排水基準

目標が「環境基準」であり、それを達成するための実現ツールが「規制基準」だと覚えるとわかりやすいね。

環境基準は企業を直接規制するものではないんだ。

これも知っておきたい！

環境基準の種類

環境基本法に基づき、大気汚染、騒音、水質、土壌に関する環境基準が定められている。このうち、騒音は一般の騒音のほか、航空機や新幹線鉄道の騒音の環境基準が定められている。また、水質環境基準は、水質汚濁のほか、地下水の水質汚濁の環境基準もある。

ダイオキシン類の環境基準

ダイオキシン類の環境基準のみ、環境基本法ではなく、ダイオキシン類対策特別措置法に基づき、大気、水質、土壌の環境基準が定められている。

基本的事項

公害防止組織法

負荷の大きな工場に体制整備

選任は計画的に行う

法で管理体制の整備を義務付け

大気汚染防止法や水質汚濁防止法は、対象施設を定めて、届出や規制基準の遵守等を義務付けています。「特定工場における公害防止組織の整備に関する法律」（公害防止組織法）は、環境負荷の大きな工場を対象に、大気汚染防止法などに基づく規制を遵守するための体制整備を求めた法律です。

規制対象は「特定工場」とされ、次の①と②の要件に該当する工場です。

①製造業（物品の加工業を含む）、電気供給業、ガス供給業、熱供給業のいずれかに属している

②本法施行令で定めるばい煙発生施設、特定粉じん発生施設、一般粉じん発生施設、汚水等排出施設、騒音発生施設、振動発生施設、ダイオキシン類発生施設のいずれかがある

特定工場になると、公害防止統括者を選任・届出し（工場長が一般的）、排出量等の区分に応じて公害防止管理者等を選任・届出しなければなりません。

公害防止管理者等の種類

公害防止管理者等の種類には、大気関係一種～四種、特定粉じん関係、一般粉じん関係、水質関係一種～四種、騒音関係、振動関係、ダイオキシン類関係、**主任管理者**があります。また、それぞれの代理者も選任しなければなりません。

公害防止管理者には**資格**が必要です。例えば、大気関係有害物質発生施設で、排出ガス量が四万㎥／時未満の工場に設置されるものについては、大気関係二種公害防止管理者を選任しなければいけませんが、これには、大気関係一種又は二種の資格が必要となります。なお、公害防止統括者には資格は不要です。

公害防止管理者等は、その職務を誠実に行わなければなりません。また、従業員は、公害防止管理者等の指示に従わなければなりません。

人事異動や退職などによって、公害防止管理者を選任できていない特定工場が散見されます。社内で資格取得に向けた計画的な教育プログラムの整備などが望まれます。

公害防止組織法に基づく管理者等の選任の例

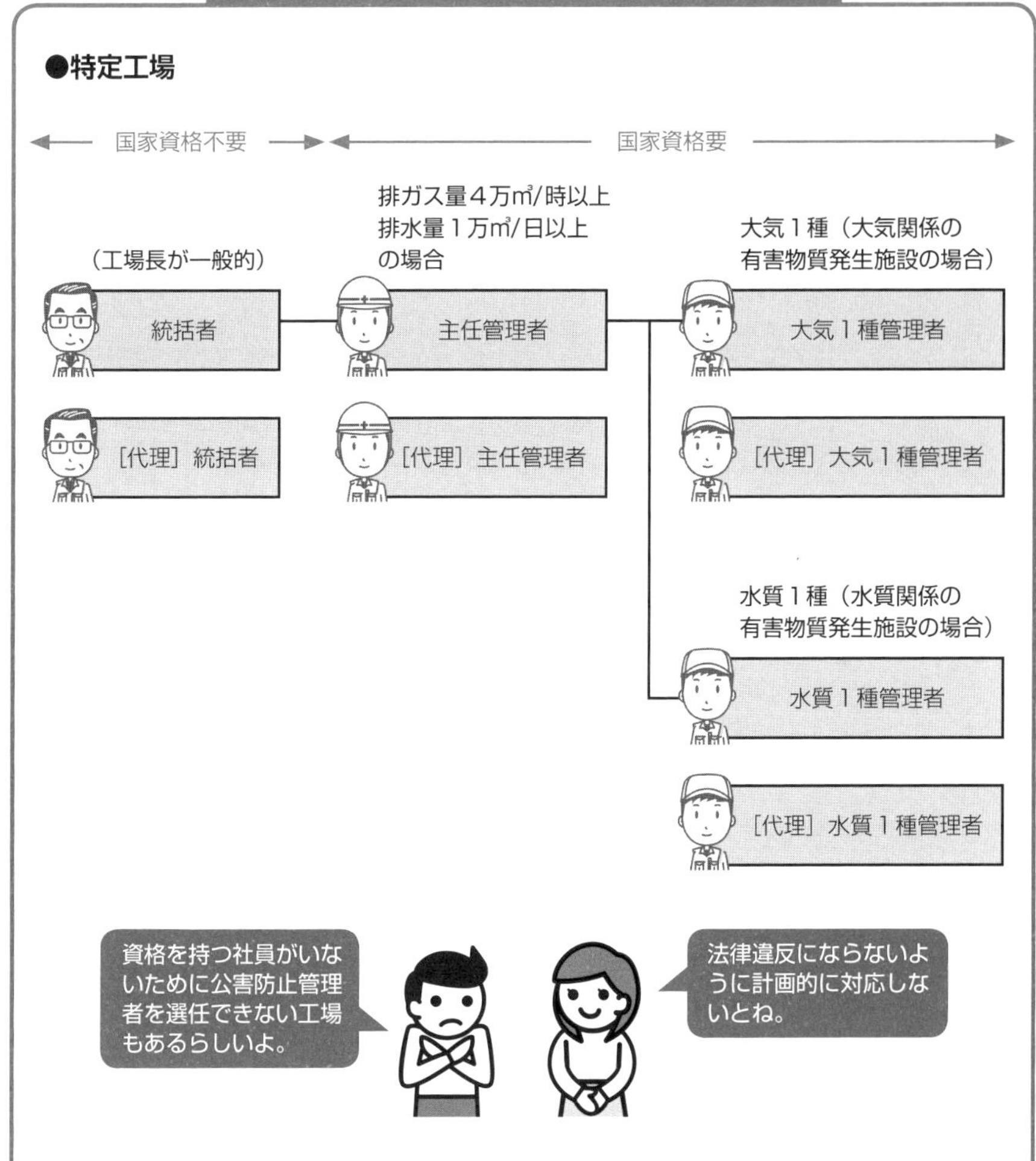

「公害防止管理者法の概要」（環境省）（https://www.env.go.jp/air/info/pp_kentou/pem01/ref01.pdf）をもとに筆者作成

これも知っておきたい！

公害防止主任管理者

排出ガス量が四万㎥／時以上、かつ排出水量が一万㎥／日以上のばい煙発生施設及び汚水等排出施設が設置される特定工場で選任が義務付けられている。

公害防止管理者等の資格

公害防止管理者等の資格を取得するには、①国家試験に合格する、②実務経験等のある者が毎年実施される資格認定講習を受講する――の二つの方法がある。

国家試験（公害防止管理者試験）の指定試験機関として（一社）産業環境管理協会が指定されている。

省エネ法①

省エネ法の全体像

三つの分野で対策を実施

大規模工場等への規制が中心

「エネルギーの使用の合理化及び非化石エネルギーへの転換等に関する法律」（省エネ法）は、日本の地球温暖化対策の中で、企業を規制するという意味では中心となる法律です。本法は、図表の通り、省エネを促進すべき三つの分野において対策を講じています。

一つ目は、工場・事業場の省エネ措置です。年間のエネルギーを原油に換算して一五〇〇kℓ以上使用している事業者を「特定事業者」や**「特定連鎖化事業者」**と定め、主に次のことを義務付けています。

①エネルギー管理者等の選任・届出
②省エネの中長期計画の提出
③エネルギー使用状況等の定期報告

これら①~③により、管理体制を整備し、計画的に省エネを推進し、その状況を含めて国に報告することを求めているのです。

二つ目は、運輸の省エネ措置です。一つ目の措置と似ており、トラック二〇〇台以上の輸送事業者などに、省エネの計画や状況報告の義務があります。

トップランナー制度とは

三つ目は、エネルギー消費機器などのトップランナー制度です。

テレビなどのエネルギー消費機器や特定の建築材料を対象に、省エネ等の性能が最も優れているものの性能以上に高めることを製造・輸入業者に求める「トップランナー基準」を設定し、その基準達成に向けた努力義務規定を設けています。

水質汚濁防止法の排水基準などの規制基準は、対象企業に対して最低限遵守すべき規制値を定めています。これに対して、トップランナー基準は、到達すべき高い目標値を設定し、それに向けて努力を促すという仕組みであり、緩やかな対策を定めた制度だと言えるでしょう。

なお、本法ではかつて建築物・住宅の省エネ措置も定めていましたが、平成二九年四月より、企業への具体的な措置は、新法となる「建築物のエネルギー消費性能の向上に関する法律」（建築物省エネ法）に移行しました。

省エネ法の全体像（イメージ）

エネルギー使用者への直接規制

工場・事業場

努力義務の対象者

工場等の設置者
・事業者の努力義務

運輸

貨物／旅客輸送事業者
・事業者の努力義務

荷主
・事業者の努力義務

報告義務等対象者

特定事業者等
（エネルギー使用量1,500kℓ/年以上）
・エネルギー管理者等の選任義務
・中長期計画の提出義務
・エネルギー使用状況等の定期報告義務

特定貨物／旅客輸送事業者
（保有車両トラック200台以上等）
・中長期計画の提出義務
・エネルギー使用状況等の定期報告義務

特定荷主
（年間輸送量3,000万トンキロ以上）
・中長期計画の提出義務
・委託輸送に係るエネルギー使用状況等の定期報告義務

使用者への間接規制

機械器具等

製造事業者等（生産量等が一定以上）
・自動車、家電製品や建材等32品目のエネルギー消費効率の目標を設定し、製造事業者等に達成を求める

一般消費者への情報提供

家電等の小売事業者やエネルギー小売事業者
・消費者への情報提供（努力義務）

※建築物に関する規定は、平成29年度より建築物省エネ法に移行

本法で特に重要な規制は、「報告義務等対象者」の措置です。

出典：「省エネ法の手引き　工場・事業場編　―令和4年度改正対応―」（資源エネルギー庁）
（https://www.enecho.meti.go.jp/category/saving_and_new/saving/media/data/shoene_tebiki_01.pdf）

これも知っておきたい！

特定連鎖化事業者

フランチャイズチェーンを想定し、一定の条件を満たす加盟店などにおける年間のエネルギー使用量の合計が原油換算で一五〇〇kℓ以上の事業者が指定され、特定事業者と同様の義務が課される。

特定事業者等への罰則

本法では、取組みが著しく不十分な特定事業者等に、国が合理化計画の提出を指示できる。従わない場合の公表、命令の規定もある。命令にも従わない場合や、エネルギー管理者等の未選任に一〇〇万円以下の罰金などの罰則もある。

地球温暖化

省エネ法②

特定事業者への規制

報告をしながら省エネを実施

目標を定めて省エネ措置

省エネ法の特定事業者や特定連鎖化事業者の義務の詳細は、図表の通りです。

年間のエネルギー使用量が合計で原油換算一五〇〇kℓ以上の場合、企業全体でエネルギー管理統括者とエネルギー管理企画推進者を選任しなければなりません。

エネルギー管理企画推進者には「エネルギー管理講習」の修了者等を選任します。エネルギー管理統括者には国家資格等は不要ですが、経営上のエネルギー管理を行い得る役員クラスが想定されています。

また、省エネや非化石エネルギーへの転換を実施するために必要な判断基準が国から示されています（平成二一年経済産業省告示六六号、令和五年経済産業省告示二八号）。すべての事業者は、この判断基準に基づき、エネルギー消費設備ごとの管理標準の策定や非化石転換に関する目標の設定などに努めなければなりません。

一方、特定事業者等の工場・事業場のうち、大規模な工場等については、工場等ごとに省エネの体制を整えなければなりません。

具体的には、製造業等五業種に該当する工場等で、単体で三〇〇〇kℓ以上となる場合は、エネルギー管理者を選任しなければなりません。この選任にはエネルギー管理士の免状を取得しているという資格要件があります。免状の取得には、国家試験のエネルギー管理士試験に合格するか、「エネルギー管理研修」を修了すること等が必要です。

これに該当せず、単体で一五〇〇kℓ以上の場合等は、「エネルギー管理講習」の修了者などからエネルギー管理員を選任します。

報告義務もある

特定事業者等には報告義務もあります。目標を達成するための省エネ措置の中長期計画書、実施状況をまとめた定期報告書を原則毎年七月末までに管轄の経済産業局等へ提出します。なお、エネルギー管理者等の選任や解任があった場合は、その後の最初の七月末までに提出します。

省エネ法の特定事業者・特定連鎖化事業者などへの規制

●事業者全体としての義務

年度間エネルギー使用量（原油換算値 kℓ）		1,500kℓ/年度以上	1,500kℓ/年度未満
事業者の区分		特定事業者、特定連鎖化事業者 又は認定管理統括事業者（管理関係事業者を含む）	—
事業者の義務	選任すべき者	エネルギー管理統括者及びエネルギー管理企画推進者	—
	提出すべき書類	エネルギー使用状況届出書（指定時のみ） エネルギー管理統括者等の選解任届出書（選解任時のみ） 定期報告書（毎年度）及び中長期計画書（原則毎年度）	—
	取り組むべき事項	判断基準に定めた措置の実践（管理標準の設定、省エネ措置の実施等） 指針に定めた措置の実践（燃料転換、稼動時間の変更等）	
事業者の目標		中長期的にみて年平均1％以上のエネルギー消費原単位 又は電気需要最適化評価原単位の低減	
行政によるチェック		指導・助言、報告徴収・立入検査、合理化計画の作成指示への対応（指示に従わない場合、公表・命令）等	指導・助言への対応

●エネルギー管理指定工場等ごとの義務

年度間エネルギー使用量（原油換算値 kℓ）	3,000kℓ/年度以上		1,500kℓ/年度以上～3,000kℓ/年度未満	1,500kℓ/年度未満
指定区分	第一種エネルギー管理指定工場等		第二種エネルギー管理指定工場等	指定なし
事業者の区分	第一種特定事業者	第一種指定事業者	第二種特定事業者	—
業種	製造業等5業種（鉱業、製造業、電気供給業、ガス供給業、熱供給業）※事務所を除く	左記業種の事務所 左記以外の業種（ホテル、病院、学校等）	全ての業種	全ての業種
選任すべき者	エネルギー管理者	エネルギー管理員	エネルギー管理員	—
提出すべき書類	定期報告書（指定表の提出が必要）			—

出典：「省エネ法の手引き　工場・事業場編　ー令和4年度改正対応ー」（資源エネルギー庁）（https://www.enecho.meti.go.jp/category/saving_and_new/saving/media/data/shoene_tebiki_01.pdf）

省エネ法③

令和五年改正法と運輸規制

非化石エネルギーへの転換も

令和五年施行の改正とは

令和四年、改正省エネ法が成立し、五年四月に施行されました。最大のポイントは、二〇五〇年の**カーボンニュートラル**の実現を目指し、図表の通り、事業者へ省エネだけでなく、非化石エネルギーへの転換を求めたことです。

非化石エネルギーとは、石油や天然ガス、石炭などの化石エネルギー以外のものです。太陽光発電などの非化石電気、太陽熱などの非化石熱、水素、アンモニアなどがあります。

改正後は、取り組むべき省エネの対象範囲を拡大し、非化石エネルギーの省エネにも取り組みます。

また、特定事業者等には、非化石エネルギーへの転換の目標に関する中長期計画の提出とともに、非化石エネルギーの使用状況等の定期報告書の提出が義務付けられました。

国が定めた判断基準に沿って、使用した電気全体に占める非化石電気の比率に関する目標を設定し、計画の策定や実績報告が求められます。

このうち、鉄鋼業（高炉・電炉）、セメント製造業、製紙業（洋紙・板紙）、石油化学業（石油化学系基礎製品製造業・ソーダ工業）、自動車製造業の五業種・八分野については目安が設定され、目安に対する目標設定や計画の報告義務があります。

運輸規制のポイント

ところで、省エネ法には運輸規制もあります。トラックを二〇〇台以上保有する貨物事業者などの「特定輸送事業者（貨物、旅客、航空）」に、省エネの中長期計画やエネルギー使用状況の報告義務を課しています。

年間輸送量三〇〇〇万トンキロ以上の「特定荷主」にも同様の義務を課しています。平成三〇年施行の改正省エネ法では、「荷主」の定義を見直し、貨物の所有権を問わず、契約等で貨物の輸送方法を決定する事業者を荷主としました。

到着日時等を指示できる貨物の荷受側を「準荷主」と位置付け、荷主の省エネの取組みに協力することを求めました（努力義務）。例えば、取引先に納品時間を指定できるような荷受側が「準荷主」となります。

●対象範囲の拡大

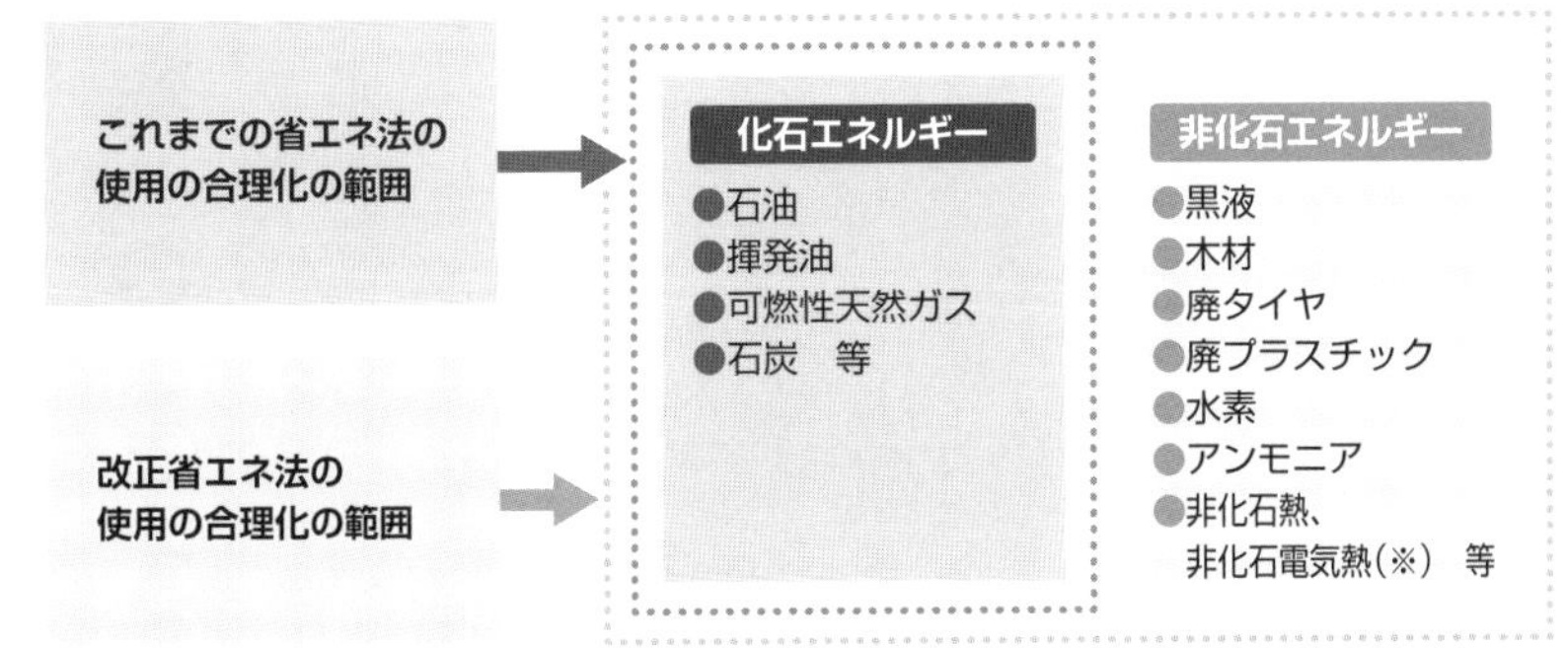

すべてのエネルギーの使用の合理化が求められます。

●非化石エネルギー転換の中長期計画等の提出

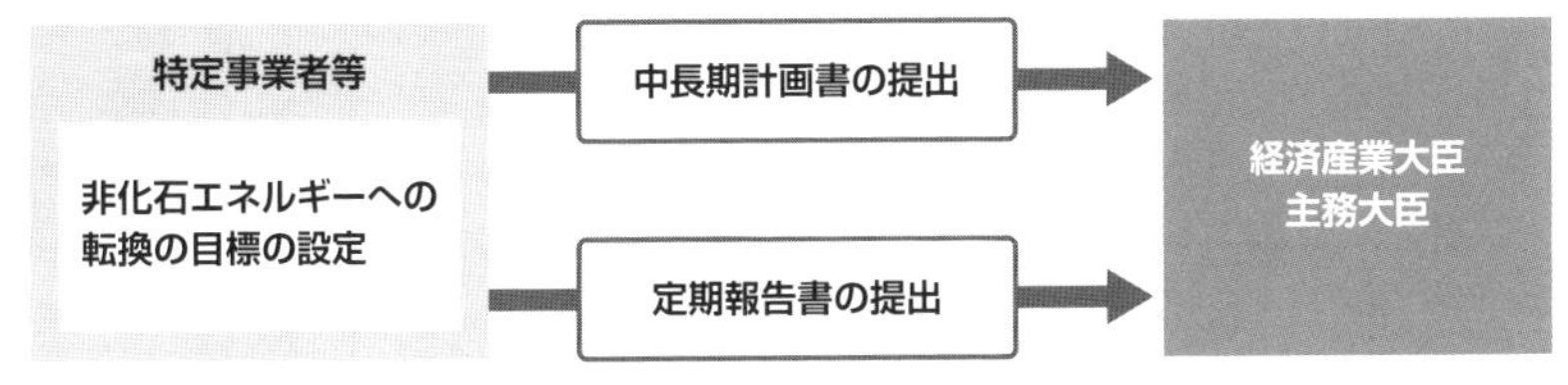

非化石エネルギーへの転換に関する中長期計画書等の提出が必要になります。

従来の「省エネ」に加えて、「非化石エネルギー転換」の対策が入ってきました。

出典：「省エネ法の手引き　工場・事業場編」（資源エネルギー庁）（https://www.enecho.meti.go.jp/category/saving_and_new/saving/media/data/shoene_tebiki_01.pdf）

これも知っておきたい！

カーボンニュートラル（炭素中立）

　存在する温室効果ガス排出量を、森林吸収量等で埋め合わせて中立にするという考え方。

　気候変動対策の長期目標の用語には、このほかに「ネットゼロ（正味ゼロ）」「脱炭素」などもあるが、どれも二〇五〇年までに温室効果ガスを実質「ゼロ」にする目標だと捉えてよいだろう。

電気の需要の最適化

　令和五年施行の改正法では、本文で紹介した改正のほかに、再生可能エネルギー出力制御時への電力の需要シフトや電力需給ひっ迫時の需要減少を促すため、特定事業者等に電力需給状況に応じた「上げＤＲ（再エネ余剰時等に電力需要を増加させる）」と「下げＤＲ（電力需給ひっ迫時に電力需要を抑制させる）」の実績報告制度を設けた。

地球温暖化

建築物省エネ法

建物への省エネ基準適合義務

省エネ型でない建物NGの時代へ

建築確認と連動した規制

平成二九年四月、「建築物のエネルギー消費性能の向上に関する法律」（建築物省エネ法）が全面施行されました。

建築物の省エネ対策は、従来、省エネ法に基づいて実施されてきましたが、それを分離独立させ、規制措置も大幅に拡充されたのです。

本法には次の規制があります。

①床面積三〇〇㎡以上の非住宅建築物の新築・増改築時に対してエネルギー消費性能基準（省エネ基準）適合義務を課す

②三〇〇㎡未満の住宅・建築物の設計の際に、建築士から建築主に省エネ基準の適否等を説明する義務を課す

③三〇〇㎡以上の住宅の新築・増改築時に対して省エネ措置の届出義務を課す

④建売戸建住宅・注文戸建住宅・賃貸アパートの省エネ性能の向上の目標（トップランナー基準）を定め、その向上を誘導する

このうち特に①は、本法によって初めて導入された厳しい規制です。

具体的には、「特定建築物」が対象となります。特定建築物とは、延床面積三〇〇㎡以上の非住宅建築物です。「非住宅」とあるので、この規模であってもマンションなどの住宅は除かれます。

特定建築物の新築時等に、建築物の省エネ基準への適合義務を課しました。基準に適合しているか否かについては、所管行政庁や登録判定機関が判定します。この適合性判定がなければ、建築確認を受けることはできず、実質的に建築ができなくなってしまうのです。

令和七年より規制強化

令和四年六月、本法が改正され、七年四月より①の省エネ基準適合義務の対象が大幅に拡大されます。

図表の通り、原則としてすべての新築住宅・非住宅に省エネ基準への適合を義務付けます。例えば、小規模な非住宅や住宅も規制対象になります。施行日以後に工事に着手する建築物の建築が適合義務の対象です。

建築物省エネ法の省エネ基準適合義務と改正概要

❶ 原則※すべての新築住宅・非住宅に省エネ基準適合が義務付けられます

〈現行〉

	非住宅	住宅
大規模（2000㎡以上）	適合義務（平成29年4月～）	届出義務
中規模	適合義務（令和3年4月～）	届出義務
小規模（300㎡未満）	説明義務	説明義務

〈改正〉

	非住宅	住宅
大規模（2000㎡以上）	適合義務（平成29年4月～）	適合義務
中規模	適合義務（令和3年4月～）	適合義務
小規模（300㎡未満）	適合義務	適合義務

※エネルギー消費性能に及ぼす影響が少ないものとして政令で定める規模（10㎡を想定）以下のもの及び、現行制度で適用除外とされている建築物は、適合義務の対象から除く

❷ 建築確認手続の中で省エネ基準への適合性審査を行います

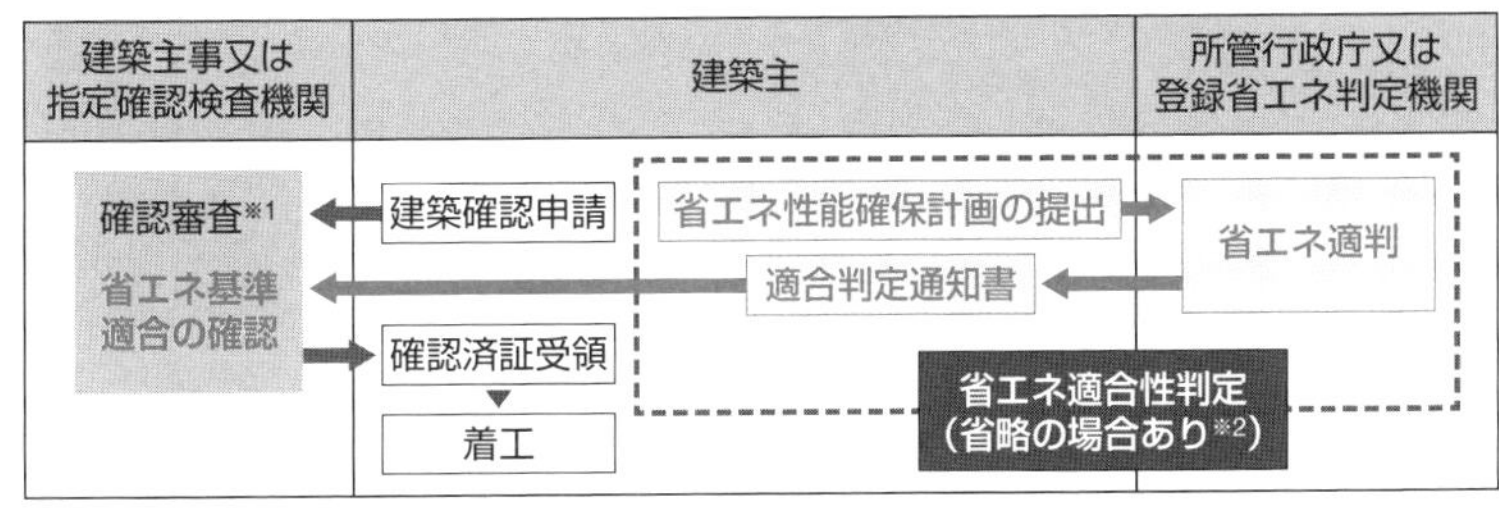

※1 完了検査時においても省エネ基準適合の検査が行われます。
※2 仕様基準を用いるなど審査が比較的容易な場合は、適合性判定は省略されます。

❸ 令和7年4月に施行予定です

出典：「2025年4月（予定）から全ての新築住宅・非住宅に省エネ基準適合が義務付けられます」（国土交通省）（https://www.mlit.go.jp/common/001500386.pdf）

これも知っておきたい！

続く建築物省エネ法の規制強化

平成二九年に全面施行して以来、本法は規制強化を繰り返している。

二九年当時、省エネ基準適合義務の対象は、二〇〇〇㎡以上の非住宅建築物のみであった。その後、令和三年に二〇〇〇㎡以上から三〇〇㎡以上に拡大され、令和七年からはすべての住宅・建築物について適合が義務付けられる。

このほか、住宅トップランナー制度の対象拡充、住宅の省エネ改修の低利融資制度創設、再エネ導入効果の説明義務などの改正が行われた。

地球温暖化

温暖化対策推進法

「脱炭素」と公表制度

狙いは、排出量の「見える化」

「脱炭素」の理念

「地球温暖化対策の推進に関する法律」（温暖化対策推進法／温対法）は、温暖化対策に関する国の目標や計画、基本的な施策等を定めた法律です。

令和三年公布の改正法では、パリ協定（一五ページ参照）を踏まえ、二〇五〇年までに「脱炭素社会」を実現するとの長期目標を明示した基本理念の条文が盛り込まれました。

令和三年一〇月には、本法に基づく政府の地球温暖化対策計画が閣議決定され、我が国の中期目標として、二〇三〇年度に温室効果ガス四六％削減を目指し（二〇一三年度比）、五〇％の高みに向けて挑戦することが掲げられました。

排出量の報告と公表

「温室効果ガス算定・報告・公表制度」は、大量に温室効果ガスを排出する事業者を「特定排出者」として、排出量の報告を義務付けています。具体的な対象は次の通りです。

①エネルギー起源CO_2（燃料の燃焼、他者から供給された電気・熱の使用に伴い排出される二酸化炭素のこと）：省エネ法の特定事業者等（原油換算でエネルギー使用量が一五〇〇kℓ／年）、特定荷主、特定輸送事業者等

②上記以外の温室効果ガス（六・五ガス）：温室効果ガスの種類ごとにすべての事業所の排出量合計がCO_2換算で三〇〇〇t／年以上で、常時使用する従業員二一人以上の事業者

排出量は、基本的に「活動量×排出係数」の式により算定します。活動量とは、生産量や使用量などです。排出係数は、温室効果ガスごとに異なっています（CO_2が「1」）。

特定排出者は、所定の算定方法により排出量を算定し、毎年度、事業所管大臣に前年度の排出量情報を報告しなければなりません。この情報は集計され、環境省のウェブサイトで公表されます。未報告等には、二〇万円以下の過料の罰則もあります。

温室効果ガス算定・報告・公表制度

企業等

一定以上の温室効果ガスを排出する事業者等が排出量を報告（事業所の情報も報告） **算定**

→ **報告** →

政府(電子システム)

<取り扱う情報>
- 温室効果ガスの排出量（単年度／過年度推移、事業者別／事業所別）

※このほか、任意に報告された、排出量増減の理由、取組み等の情報も併せて提供

→ **公表** →

自治体・国民・投資家等

← **情報の活用** ←

令和３年改正①

【デジタル化等】
- 報告の方法を、電子システムへの入力を原則とする
- 排出量に加え、積極的な取組みを見える化する観点から、任意報告を充実・促進

令和３年改正②

【オープンデータ化】
- 報告された情報について、現行の開示請求手続によることなく、事業所ごとの排出量等の情報も含めすべて公表する

※権利利益の保護が必要と認められた情報は除く

大量に温室効果ガスを排出する事業者は、排出量を報告し、国はその情報を公表しています。

「温室効果ガス排出量算定・報告・公表制度をめぐる最近の動向について」（環境省）（https://ghg-santeikohyo.env.go.jp/files/discuss/2021/dscs_20210913_3-1_rev.pdf）をもとに筆者作成

これも知っておきたい！

六・五ガス

エネルギー起源CO_2以外の温室効果ガスのこと（本文中の②）。非エネルギー起源CO_2のほか、次の六つのガスを指す。①メタン（CH_4）、②一酸化二窒素（N_2O）、③ハイドロフルオロカーボン類（HFC）、④パーフルオロカーボン類（PFC）、⑤六ふっ化硫黄（SF_6）、⑥三ふっ化窒素（NF_3）。

令和三年改正法

本文で紹介した基本理念の規定新設のほかの主な改正には、地域の再生可能エネルギーを活用した脱炭素化促進の認定制度の創設がある。

温室効果ガス算定・報告・公表制度も変更された。事業所ごとの排出量情報について開示請求の手続きなしで公表される（令和四年四月に施行）。

フロン排出抑制法①

フロン排出抑制法の全体像

フロンのライフサイクル全体を規制

平成二七年、フロン規制を大幅強化

「フロン類の使用の合理化及び管理の適正化に関する法律」（フロン排出抑制法）は、フロン回収・破壊法を全面改正し、平成二七年四月に施行されました。

「フロン類の使用の合理化」とは「省フロン」のことです。省フロンとフロン漏えい防止等への管理適正化を目指しています。

具体的には、次の通り、主に五つの場面に分けて、省フロンと管理適正化に向けた措置を定めています。

①フロン製造業者等の取組み

「フロン類の製造業者等の判断の基準となるべき事項」に従い、製造・輸入等する**フロン類**の地球温暖化係数（GWP）の低減や、代替物質の製造に必要な設備の整備など省フロンを求めています。所定の事業者にフロン類使用合理化計画等の報告徴収を行います。

②指定製品製造業者等の取組み

エアコンなどの「指定製品」を製造・輸入等する事業者は、「指定製品の製造業者等の判断の基準となるべき事項」に従い、指定製品に使用するフロン類のGWP低減や、フロン類の充塡量の低減、表示の充実などによる省フロンに取り組むことを求めています。

基準に逸脱した場合は、勧告、公表、命令などの規定等もあります。

③第一種特定製品管理者の取組み

業務用のエアコンや冷凍冷蔵機器（**第一種特定製品**）の管理者に、点検などを求めています（次項で詳しく解説）。

④第一種フロン類充塡回収業者の取組み

都道府県の登録を受け、充塡や回収の基準に従い、回収フロン類を自ら再生する場合等を除き、第一種フロン類再生業者又はフロン類破壊業者に引き渡さなければなりません。

⑤再生・破壊業者の取組み

国の許可を受け、基準に従って再生又は破壊を行うことを求めています。

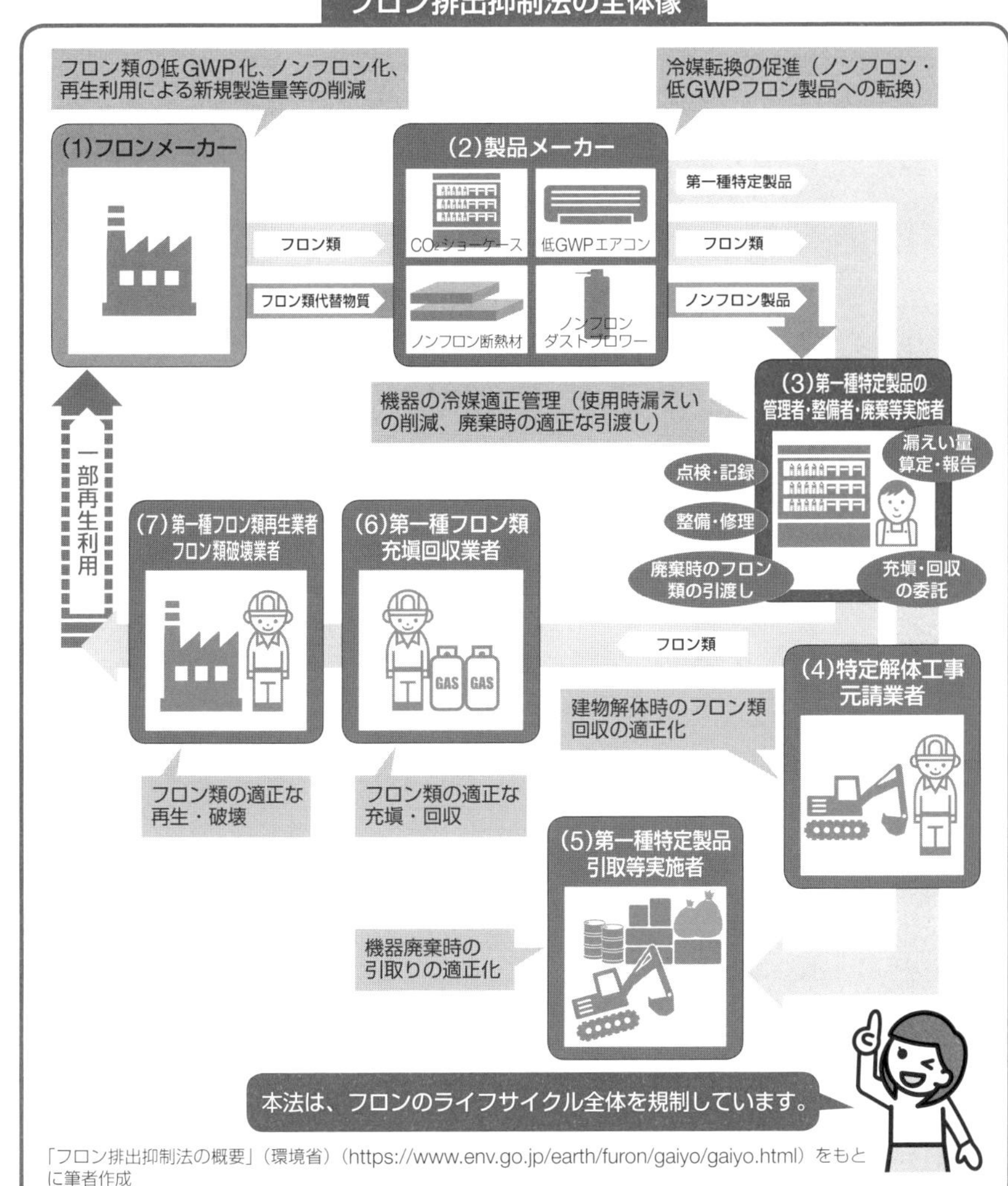

「フロン排出抑制法の概要」（環境省）（https://www.env.go.jp/earth/furon/gaiyo/gaiyo.html）をもとに筆者作成

これも知っておきたい！

フロン類

フルオロカーボン（フッ素と炭素の化合物）の総称。本法では、CFC、HCFC、HFCを指す。

CFC、HCFCは、オゾン層破壊効果と温室効果がある。その代替ガスのHFCは、オゾン層破壊効果はないが、温室効果が大きく、二酸化炭素の数十倍から一万倍以上の温室効果を持つ。

第一種特定製品

業務用のエアコンや冷凍冷蔵機器（自動販売機を含む）で冷媒としてフロン類が充填されているもの。自動車リサイクル法対象のカーエアコンは除かれる。

地球温暖化

フロン排出抑制法②

ユーザー規制のポイント

点検と記録を継続する仕組みを

管理者に点検などの義務

本法では、フロン類が使用されている業務用のエアコンや冷凍冷蔵機器を「第一種特定製品」と位置付け、その管理者に対して様々な義務を課しています。

「第一種特定製品の管理者の判断の基準となるべき事項」（平成二六年経産省・環境省告示一三号）に基づき、対象機器の設置環境・使用環境の維持保全、簡易点検・定期点検、漏えいや故障等が確認された場合の修理を行うまでのフロン類の充塡の原則禁止、点検・整備の記録作成・保存などの義務があります。

点検義務には、簡易点検と定期点検の二種類があります。

簡易点検とは、すべての対象機器について、三カ月に一回以上実施するものです。例えば、エアコンの場合、異常音、外観の損傷、腐食、さび、油漏れなどを点検します。有資格者でなくても実施できます。

一方、定期点検とは、七・五kW以上の機器について、専門知識を持つ者が行う点検です。七・五kW以上の冷凍冷蔵機器や五〇kW以上のエアコンは一年に一回以上、七・五kW以上五〇kW未満のエアコンは三年に一回以上の頻度で点検します。

管理者は、第一種フロン類充塡回収業者（充塡回収業者）から発行される充塡証明書や回収証明書に基づき、**フロン類算定漏えい量**を算定します。毎年度におけるその量が一〇〇〇t－CO_2以上となった場合、翌年度の七月末までに事業所管省庁へ報告しなければなりません。国はその算定漏えい量等を公表します。

機器廃棄で規制強化

機器を廃棄するときは、主にフロン類の回収を充塡回収業者に回収依頼書を交付して依頼します。回収後、充塡回収業者から引取証明書が渡されます。

フロン類が抜かれた機器を廃棄物・リサイクル業者等に渡すときは、その引取証明書のコピーを渡します。機器廃棄時の規制は、**令和元年改正法**により大幅に強化されているので注意が必要です。

第一種特定製品の管理者の「判断基準」

※ 改正 は令和元年改正で追加・改正

機器を使用しているとき

- ☑ **保有する機器の点検を実施**

簡易点検	すべての機器：３カ月に１回以上
定期点検	一定規模以上の機器：１年又は３年に１回以上、専門業者に委託等

- 改正 ☑ **点検の記録は、機器を設置してから廃棄した後も３年間保存**
- ☑ **フロン類の充塡・回収は都道府県に登録された充塡回収業者のみ行うことができる**
- ☑ **フロン類の漏えいが見つかった場合、修理なしでのフロン類の充塡は原則禁止**
- ☑ **年間漏えい量が一定以上の場合、国に報告**

機器を廃棄するとき

- ☑ **フロン類の回収を充塡回収業者に依頼（回収依頼書を交付）**
- ☑ **引取証明書（原本）は３年間保存**
- 改正 ☑ **廃棄物・リサイクル業者に機器を引き渡す際には引取証明書の写しを作成し、機器と一緒に渡す**
- 改正 ☑ **解体工事の場合には、元請業者から事前説明された書面を３年間保存**

廃棄のイメージ図

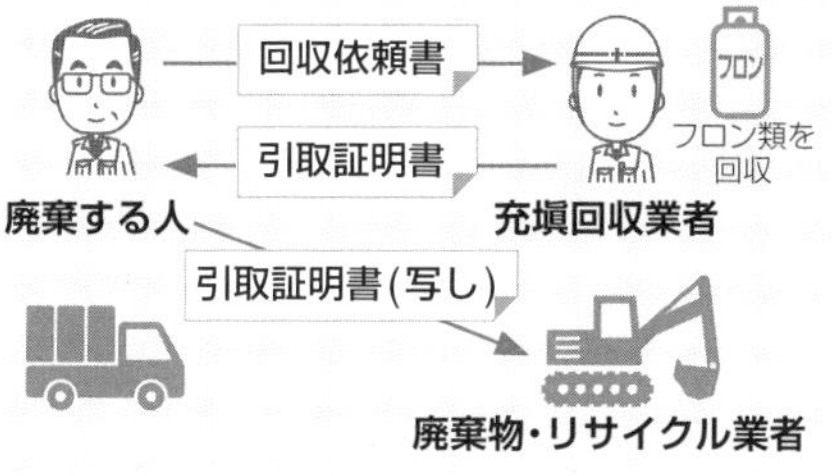

「機器管理者の皆様へ」（環境省・経済産業省）
（https://www.env.go.jp/earth/furon/files/kikikanrileaflet_rev.pdf）をもとに筆者作成

これも知っておきたい！

令和元年改正法

令和元年六月、次の改正を行った。二年四月に施行。

①機器廃棄の際の規制強化
ユーザーがフロン回収を行わずに廃棄処理した場合、直接罰する（五〇万円以下の罰金）。廃棄物業者等へのフロン回収済み証明の交付（引取証明書の写し）を義務付ける。点検記録簿の保存期間を、フロン引渡し後三年間と改める。

②建物解体時の規制強化
発注者（ユーザー）に、解体業者等による機器の有無の確認記録の保存を義務付ける。

③機器を引き取る際の規制強化
廃棄物業者等が機器引取り時に回収済み証明（引取証明書の写し）を確認、確認できない機器の引取り禁止。

オゾン層保護法

ＨＦＣガスの製造・輸入も規制

冷媒の転換検討を

対象ガスの製造・輸入を規制

「特定物質等の規制等によるオゾン層の保護に関する法律」（オゾン層保護法）は、人体に有害な紫外線を防ぐオゾン層を保護するとともに、地球温暖化を防ぐために「特定物質等」を規制する法律です。

本法は、オゾン層保護のための国際条約である**モントリオール議定書**を担保するために昭和六三年に制定されました。オゾン層を破壊する「特定フロン」（特定物質）の製造や輸入を規制しています。

本法の規制手法は、製造・輸入規制です。使用そのものを規制しているわけではありません。

特定フロンの製造・輸入量を許可制などとして、市場に流通する量を段階的に減らしていきました。その結果、特定フロンは使用されなくなってきたのです。

段階的に削減されるＨＦＣ

しかし、特定フロンの代替ガスとして「代替フロン」（ＨＦＣ）が広く利用されるようになります。

ＨＦＣガスは、オゾン層を破壊しません。しかし、温暖化に影響を与える強力な温室効果ガスです。そこで、本法は、平成三〇年七月に改正され、三一年一月からはＨＦＣも規制することになりました。

平成三〇年改正法では、特定フロンと同じ規制手法で代替フロンの製造や輸入を規制しています。

具体的には、まず経済産業大臣・環境大臣が代替フロンの生産量・消費量の限度を定めます。

その上で、代替フロンを製造しようとする者は、経済産業大臣の許可を受けなければなりません。また、代替フロンを輸入しようとする者は、経済産業大臣の輸入の承認を受けなければなりません。

これによって、国が定めた上限を超える代替フロンの流通が抑制されることになります。

議定書に基づき、代替フロンは今後制限されていきます。二〇一九年には既に一〇％削減され、二〇二九年には七〇％削減へ、これが二〇三六年には八五％が削減される予定です。

モントリオール議定書とオゾン層保護法

- モントリオール議定書では、オゾン層を保護するため元々「特定フロン」を規制
- その後、代替フロン（HFC）が急速に普及
- HFCは、オゾン層を破壊しないが、温暖化への影響が大きく、温暖化防止のためにキガリ改正が行われた

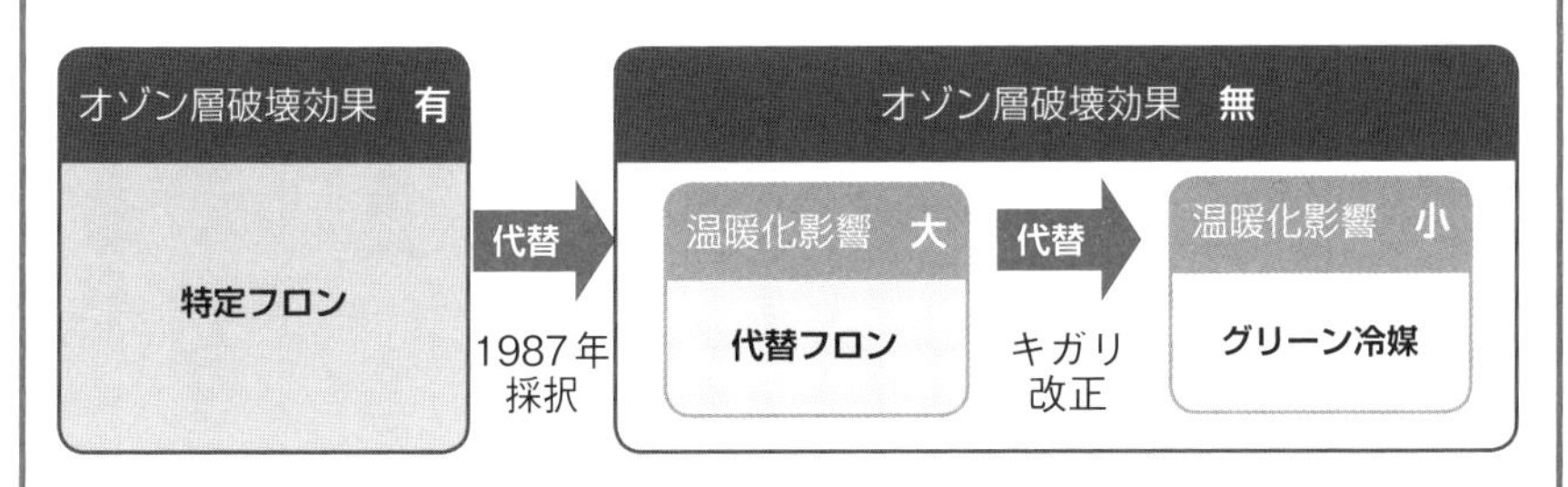

- キガリ改正により、代替フロンの生産量・消費量それぞれについて、2011-2013年実績の平均値から計算された基準値をもとに、2019年以降、段階的に削減

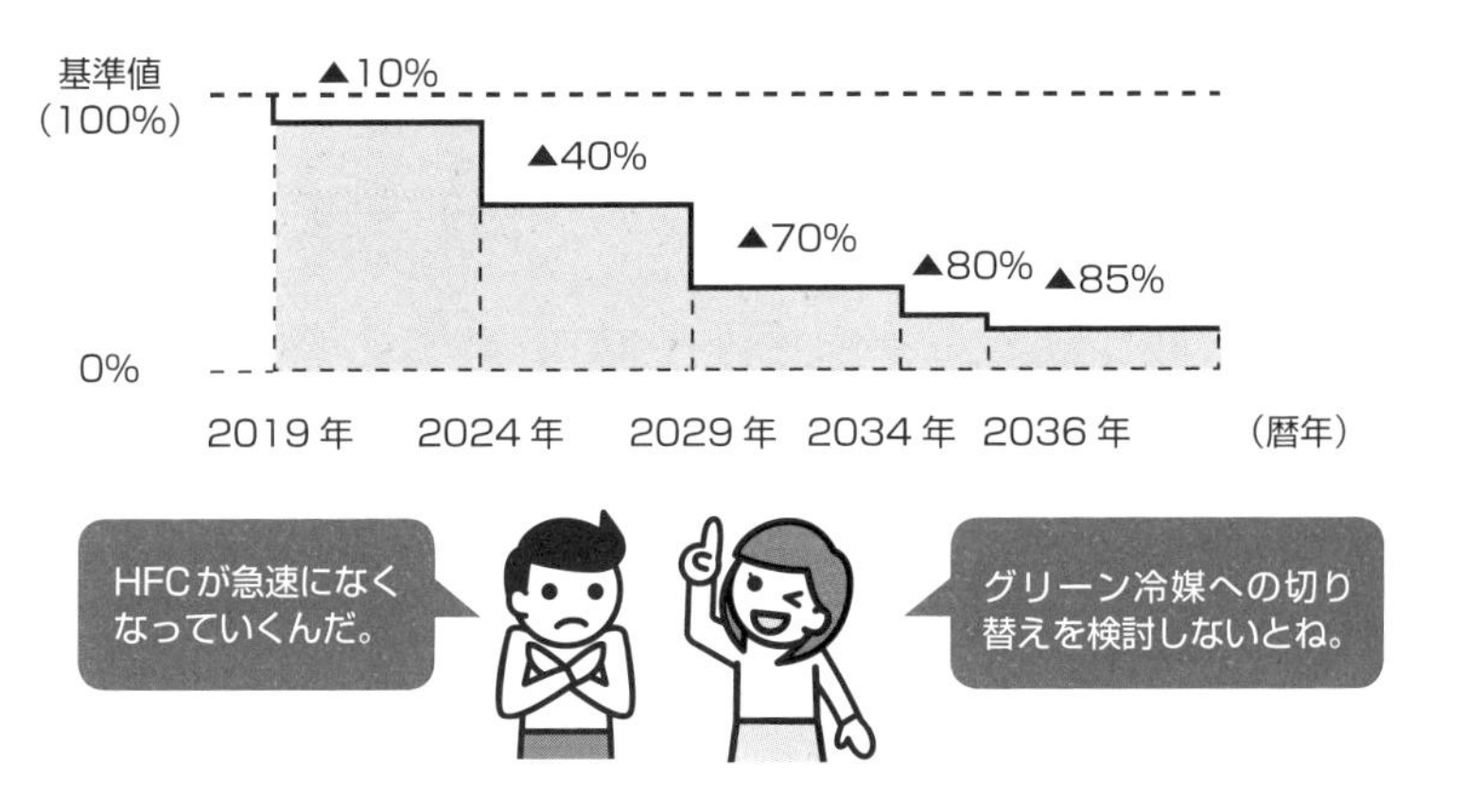

「特定物質の規制等によるオゾン層の保護に関する法律の一部を改正する法律案　【オゾン層保護法】の概要」（環境省）（https://www.env.go.jp/press/files/jp/108714.pdf）をもとに筆者作成

これも知っておきたい！

モントリオール議定書

正式名称は、「オゾン層を破壊する物質に関するモントリオール議定書」。オゾン層破壊効果のあるフロンの削減義務を課した条約で、一九八七年に採択された。

二〇一六年に議定書が改正され（キガリ改正）、代替フロンについても、地球温暖化を防止するために生産などの削減義務が課された。

地球温暖化

温暖化対策条例

脱炭素へ新条例が続々

脱炭素の条例動向に注意

数多い温暖化対策条例

国内の地球温暖化対策は、省エネ法などの国の法令だけではありません。地方自治体、特に都道府県レベルで温暖化対策条例が数多く制定されています。

条例の内容は自治体ごとに多種多様ですが、基本的な枠組みは、省エネ法と似ています。県内等で原油換算一五〇〇kℓ/年以上のエネルギーを使用する大規模排出事業所（省エネ法の特定事業者と類似）などに対して、対策計画や実施状況の報告を求めるというものです。省エネ法と異なるのは、報告された対策事項なども公表されることです。

また、規制対象が広い場合もあります。例えば、「岡山県環境への負荷の低減に関する条例」では、省エネ法の対象事業者だけでなく、県内に使用の本拠地の登録のあるトラック一〇〇台以上を持つトラック事業者なども対象としています。

近年、図表の通り、脱炭素を目指した条例が続々と制定されています。理念型の条例が多いとはいえ、東京都が大手ハウスメーカーに太陽光パネルの設置を義務付けるなど、規制措置を盛り込む場合もあります。

東京都・埼玉県では総量規制も

東京都には、温室効果ガス排出量の削減を義務付ける条例があります。

都内の大規模事業所に削減義務を課し、対策の計画や実施状況、管理体制などの報告も求めています。

対象期間内に削減できなかった場合、他社が削減した分を買い取って自社が削減できなかった分を相殺させます。そのための**排出量取引制度**を独自に整備しています。

こうした義務を果たさない場合、都知事は、義務不足量の一・三倍の量を削減するよう措置命令を出します。命令違反には、違反事実の公表と罰則（五〇万円以下の罰金）もあります。

さらに、都知事は不足量を調達し、その費用を事業者に請求する規定すらあります。

東京都と似た制度を埼玉県も採用しています。

近年の脱炭素を巡る条例動向

自治体名	条例名（略称）	いつから？（令和）	どんな内容？
長野県	長野県脱炭素社会づくり条例	2年10月公布・施行	2050年カーボンゼロ提示等（追加義務なし）
京都市	改正温暖化対策条例	2年12月公布、3年4月施行	1,000㎡以上の事業所にエネルギー消費量等報告書制度
岐阜県	温暖化防止・気候変動適応基本条例	3年3月公布、4年4月施行	事業者削減計画に県の評価も
横浜市	脱炭素社会推進条例	3年6月公布・施行	事業者責務（理念型）
群馬県	ぐんま5つのゼロ宣言実現条例	4年3月公布、5年4月施行	一定規模の新築等再エネ導入義務
滋賀県	CO_2ネットゼロ社会づくり条例	4年3月公布、4月施行	事業者行動計画に再エネ利活用等計画の追記
東京都	改正東京都環境確保条例	4年12月公布、6年4月・7年4月施行	大手ハウスメーカーに太陽光パネルの設置義務。既存の排出量取引制度などを強化
北海道	改正北海道地球温暖化防止対策条例	5年3月公布、4月施行	特定事業者に排出量や再エネ導入量の目標等も報告義務（通称：ゼロカーボン北海道推進条例）
栃木県	栃木県カーボンニュートラル実現条例	5年3月公布、4月施行	カーボンニュートラルを明記（理念型）

理念型から追加義務まで様々な動きがあります。

これも知っておきたい！

条例に見られる様々な対策

本文で紹介した地球温暖化対策計画書等の報告制度だけでなく、緑化（茨城県）、建築物（埼玉県）、自動販売機（長野県）、自動車通勤（静岡県）、アイドリングストップ（三重県）など、独自対策の規定が少なくない。

排出量取引制度

都が導入している排出量取引制度では、個々の企業に排出枠（キャップ）を設けるとともに、義務の履行手段として、自ら削減する方法だけでなく、排出枠の取引（トレード）等により履行する方法も認めている。

大気汚染防止法①
大気汚染防止法の全体像

対象施設を見逃さない

四つの分野で対象施設等を設定

大気汚染防止法は、水質汚濁防止法と並び、公害規制の中心的な位置を占める法律です。

規制のパターンは、対象分野で規制すべき施設などに対して届出義務を課した上で、規制基準の遵守を義務付けるというものです。こうした規制パターンは、他の多くの環境法にも共通したものです。

本法は、主に四つの分野で対象施設などを定めて規制措置を講じています。

一つ目は、ばい煙の排出規制です。一定規模以上のボイラーなどを「ばい煙発生施設」と定め、これを設置する場合や構造等を変更する場合などに届出を義務付けています。また、ばい煙排出基準の遵守を義務付け、測定義務も課しています。

二つ目は、揮発性有機化合物（VOC）の排出抑制です。トルエンやキシレンなどのVOCの排出を抑制するため、一定規模以上の吹付け塗装施設などについて届出や排出基準の遵守、測定を義務付けています。

三つ目は、粉じん規制です。粉じん規制は、アスベスト（石綿）を「特定粉じん」と定めて特別に規制するとともに、それ以外の粉じんを「一般粉じん」と定めて規制しています（石綿規制は五四ページ参照）。

一般粉じんの排出規制では、一定規模以上の破砕機などを「一般粉じん発生施設」と定め、施設設置や変更等の届出、構造等の管理基準を遵守することを義務付けています。

四つ目は、水銀規制です（平成三〇年四月より）。一定規模以上の石炭専焼ボイラーや廃棄物焼却炉などを「水銀排出施設」と定め、届出や排出基準遵守、測定などを義務付けています。

気をつけたい事故時の措置

本法では、事故時の措置も定めています。

事故によりばい煙又は**特定物質**が多量に排出されたとき、排出者は直ちに応急の措置を講じ、復旧に努めなければなりません。

また、事故の状況を都道府県知事等に通報しなければなりません。

大気汚染防止法の全体像

<table>
<tr><th colspan="2">施設等</th><th>物質</th><th>発生形態</th><th>規制内容</th></tr>
<tr><td colspan="2">ばい煙発生施設
※所定のボイラー等33種類</td><td>SOx、ばいじん、有害物質等</td><td>物の燃焼、合成、分解等</td><td rowspan="6">施設等の届出
＋
基準遵守
（測定も）</td></tr>
<tr><td colspan="2">VOC排出施設
※所定の塗装ブース等6類型・9施設</td><td>VOC（トルエン、キシレン等）</td><td>溶剤の揮発等</td></tr>
<tr><td rowspan="3">粉じん発生施設等</td><td>一般粉じん発生施設</td><td>一般粉じん</td><td rowspan="2">物の破砕等</td></tr>
<tr><td>（特定粉じん発生施設）
※すべて廃止</td><td rowspan="2">特定粉じん（アスベスト）</td></tr>
<tr><td>特定粉じん排出等作業
※令和３年改正法施行</td><td>建築物解体</td></tr>
<tr><td colspan="2">水銀排出施設
※所定の石炭専焼ボイラー等９種類
※平成30年改正法施行</td><td>水銀</td><td>物の燃焼等</td></tr>
<tr><td colspan="2">事故でばい煙や特定物質を排出させた施設
※施設の限定がない</td><td>ばい煙、特定物質（アンモニア等28物質）</td><td>事故で多量排出</td><td>事故時通報</td></tr>
</table>

ばい煙、VOC、粉じん、水銀の４分野で対象施設などを設定し、規制しています（水銀は平成30年４月より）。また、事故時の措置にも注意が必要です。

＋ これも知っておきたい！

直罰制

大気汚染防止法と水質汚濁防止法は、規制基準に違反した場合、改善命令等を経ることなく、直ちに罰則を適用できる「直罰制」を採用している。

特定物質

特定物質には、アンモニアなど二八物質が指定されている。特定物質の事故時の措置規定が見逃されがちなのは、特定物質の貯蔵そのものに事前の届出義務はなく、自社が対象物質を扱っていることに気づかないためである。

何らかの気体を貯蔵している場合、それが特定物質に該当しないか確認しておきたい。

大気汚染

大気汚染防止法②
ばい煙規制のポイント

設置前に届出義務がある

対象施設か否かをチェック

大気汚染防止法の中心的な規制は、ばい煙規制です。対象となる施設は「ばい煙発生施設」です。本法施行令別表一に、第一号から第三二号まで定められています。

最も有名なものは、ボイラーです。ただし、すべてのボイラーが規制対象ではありません。燃料の燃焼能力が重油換算一時間当たり五〇ℓ以上のものに限られます。また、熱風ボイラーを含み、熱源として電気又は廃熱のみを使用するものは除かれています。

なお、令和三年、本法施行令が改正されました。改正前は、ボイラーの規模要件に「伝熱面積一〇㎡以上」もありましたが、四年一〇月から撤廃されています。

届出義務と規制基準遵守

ばい煙発生施設を設置しようとするときは、都道府県知事等に届け出なければなりません。このとき、届出受理日から六〇日を経過した後でなければ設置できません。つまり、施設の設置・稼働の約二カ月前には、届出を行うことが必要となります。

施設の構造、使用方法、ばい煙処理方法の変更をしようとするときも同様です。

一方、届出事項のうち工場等の名称が変更されるなど、**軽微な事項の変更**等の場合は、その日から三〇日以内に都道府県知事等に届け出ることが義務付けられています。

ばい煙発生施設のばい煙量又はばい煙濃度が排出口において**ばい煙排出基準**に適合しない場合は、ばい煙を排出してはなりません。また、測定義務もあります。

ばい煙排出基準を遵守しない場合、罰則が適用されることがあります。また、都道府県知事等は、ばい煙発生施設が排出基準に適合しないばい煙を継続して排出するおそれがあると認めるときは、期限を定めて施設の構造等の改善を命じ、又は施設の使用の一時停止を命ずることができます。

多くの企業では、基準値を超えないように自主管理基準を設定し、ばい煙発生施設を稼働させています。

大気汚染防止法のばい煙規制の概要

●「ばい煙発生施設」とは

・大気汚染防止法施行令別表1第1号～第32号までの施設

【例】

	施設名	規模要件
1	ボイラー	燃焼能力 50ℓ/時以上
2	ガス発生炉、加熱炉	原料処理能力 20t/日 燃焼能力 50ℓ/時以上
	（中略）	
31	ガス機関	燃焼能力35ℓ/時以上
32	ガソリン機関	燃焼能力35ℓ/時以上

ばい煙発生施設を設置 ⇒ 届出＋規制基準遵守（測定）

ばい煙発生施設を設置するとき、届出や規制基準遵守などが義務付けられています。

＋これも知っておきたい！

軽微な変更等の届出

対象は、届出事項のうち、①氏名等（氏名・名称、住所、法人は代表者氏名）、工場・事業場の名称・所在地に変更があったとき、②ばい煙発生施設の使用を廃止したとき、③ばい煙発生施設の届出をした者の地位を承継したときである。

ばい煙排出基準

①一般排出基準、②特別排出基準（汚染が深刻な地域で新設施設への厳しい基準。いおう酸化物、ばいじん）、③上乗せ排出基準（都道府県が条例で定めるより厳しい基準。ばいじん、有害物質）、④総量規制基準（環境基準の確保が困難な地域で、大規模工場に適用される工場ごとの基準。いおう酸化物、窒素酸化物）の四つの種類がある。

大気汚染防止法③

解体工事のアスベスト規制

レベル三も対象に！

大気汚染防止法のアスベスト規制

大気汚染防止法のアスベスト（石綿）規制は、事実上、解体工事の規制となります。**令和二年改正法**により規制が強化されました。アスベストは、図表のように発じん性によって三つに分類されます。

建築物や工作物の解体、改造、補修作業を行う場合、元請業者等は、レベル一～三の有無を事前調査し、発注者に書面で説明しなければなりません。

令和二年改正法により、四年四月からは、床面積八〇㎡以上の解体工事など**一定規模以上の工事**の場合、都道府県知事への事前調査結果の報告義務が発生しています。この報告は、アスベストの有無にかかわらず行うものなので注意が必要です。

レベル一～三を含む工事の場合、石綿飛散防止のため作業基準を遵守し、作業記録を保存します。工事終了後は、発注者へ報告し、その書面を保存します。

このように本法では元請業者等を規制するとともに、発注者にも規制をしています。

まず、工期や工事費などの契約で作業基準の遵守を妨げるおそれのある条件を付さないように配慮することを求めています。また、レベル一、二を含む解体等工事を行う場合、作業実施一四日前までに都道府県知事に届け出なければなりません。

他法に散らばるアスベスト規制

アスベスト規制は、大気汚染防止法だけではなく、他の法律や条例の規制もあります。

廃棄物処理法では、厳格な処理ルールを定めています。

安衛法の石綿障害予防規則では、解体工事の時の作業者の安全確保のための措置が定められています。本規則では、解体工事での規制とは別に、アスベストが含有している建物の利用に関連した規制もあります。事業者は、労働者を就業させる建築物などにレベル一や、レベル二があり、損傷・劣化などでその粉じんにばく露するおそれがあるときは、それらの除去、封じ込め、囲い込み等の措置を義務付けています。

本法のアスベスト規制

●アスベストの種類

- **レベル1**（発じん性が著しく高い）：吹付け石綿
- **レベル2**（発じん性が高い）：耐火被覆材、断熱材、保温材
- **レベル3**（発じん性が比較的低い）：その他の石綿含有材（成形板等）

↓

建築物、工作物の解体・改造・補修作業

↓

●何をすべきか

元請業者等 	● レベル１～３の有無を事前調査し、発注者に書面で説明 ※建築物について特定建築物石綿含有建材調査者などの資格者等による調査を義務付け（令和５年10月～） ● 石綿の有無にかかわらず、一定規模（床面積80㎡以上の解体工事等）以上の工事の場合、事前調査結果を都道府県知事に報告 ● 石綿飛散防止のため作業基準を遵守 ● 作業記録の保存。終了後、発注者への報告（書面を保存）
発注者 	● 工期や工事費などの契約で作業基準の遵守を妨げるおそれのある条件を付さないように配慮 ● レベル１、２を含む建築物等の解体、改造、補修作業を行う場合、作業実施14日前までに都道府県知事に届出

アスベストには種類があり、法改正も頻繁にあります。他の法令や条例の規制もあるので対応には十分注意すべきですね。

＋これも知っておきたい！

令和二年改正法

令和二年六月に公布し、一部を除き三年四月に施行した。最大の改正点は、事前調査や解体工事時の作業基準遵守等の対象にレベル三が追加されたことだ。

また、隔離等をせずに除去作業した場合の直罰導入や、元請業者に発注者への作業結果の報告なども義務付けた。

一定規模以上の工事

都道府県知事への事前調査結果の報告義務の対象は、①建築物の解体：対象の床面積の合計が八〇㎡以上、②建築物の改造・補修、工作物の解体・改造・補修：請負金額の合計が一〇〇万円以上だ。このうち、「工作物」とは、ボイラー、配管設備（一部を除く）、変電設備、遮音壁など多岐にわたるので注意が必要だ（令和二年環境省告示七七号参照）。

水質対策の法令

水質関連法令の全体像

施設と排水先に注目

水質汚濁防止法を中心に分類

水質規制をする法令には、図表のように様々なものがあります。

中心となるのは水質汚濁防止法です。本法では、特定施設を設置する事業場（特定事業場）が、河川や海などの**公共用水域**に排水する場合、排水規制の対象となります。特定施設に該当すると、届出や排水基準遵守などが義務付けられます。

一方、水質汚濁防止法が対象としていないものを規制する法令として、まず、下水道法が挙げられます。

水質汚濁防止法上の特定施設を設置する場合でも、終末処理場のある下水道に排水する場合、水質汚濁防止法の排水規制は適用されません。終末処理場のある下水道は「公共用水域」に該当しないからです。この場合は、下水道法が適用されます。

特定施設を設置しない事業場が公共用水域に排水する場合、水質汚濁防止法は適用されません。ただし、図表のように、地方自治体（都道府県、市町村）の条例により規制対象とされることがあります。このように、排水規制は水質汚濁防止法を基本に整理するとわかりやすいでしょう。

浄化槽法や条例にも注意を

瀬戸内海や湖沼の周辺で操業する事業場には、瀬戸内海環境保全特別措置法（瀬戸内法）や湖沼水質保全特別措置法が適用されることがあります。これらは水質汚濁防止法の特別法の位置付けです。例えば、瀬戸内法の場合、特定施設の届出制ではなく、許可制となり、規制が厳しくなります。

また、公共用水域に排水する前に汚水処理をするための浄化槽を設置しますが、浄化槽の設置や管理などに対しては浄化槽法が適用されます。

さらに、水質規制では、条例規制が多いことも特徴です。四七の都道府県すべてが、条例により、水質汚濁防止法の排水基準に何らかの上乗せ規制を講じています。

水質汚濁防止法の対象外の施設を規制対象にする条例も、都道府県や市町村の条例で見受けられます。

排水規制をする法令・条例の例

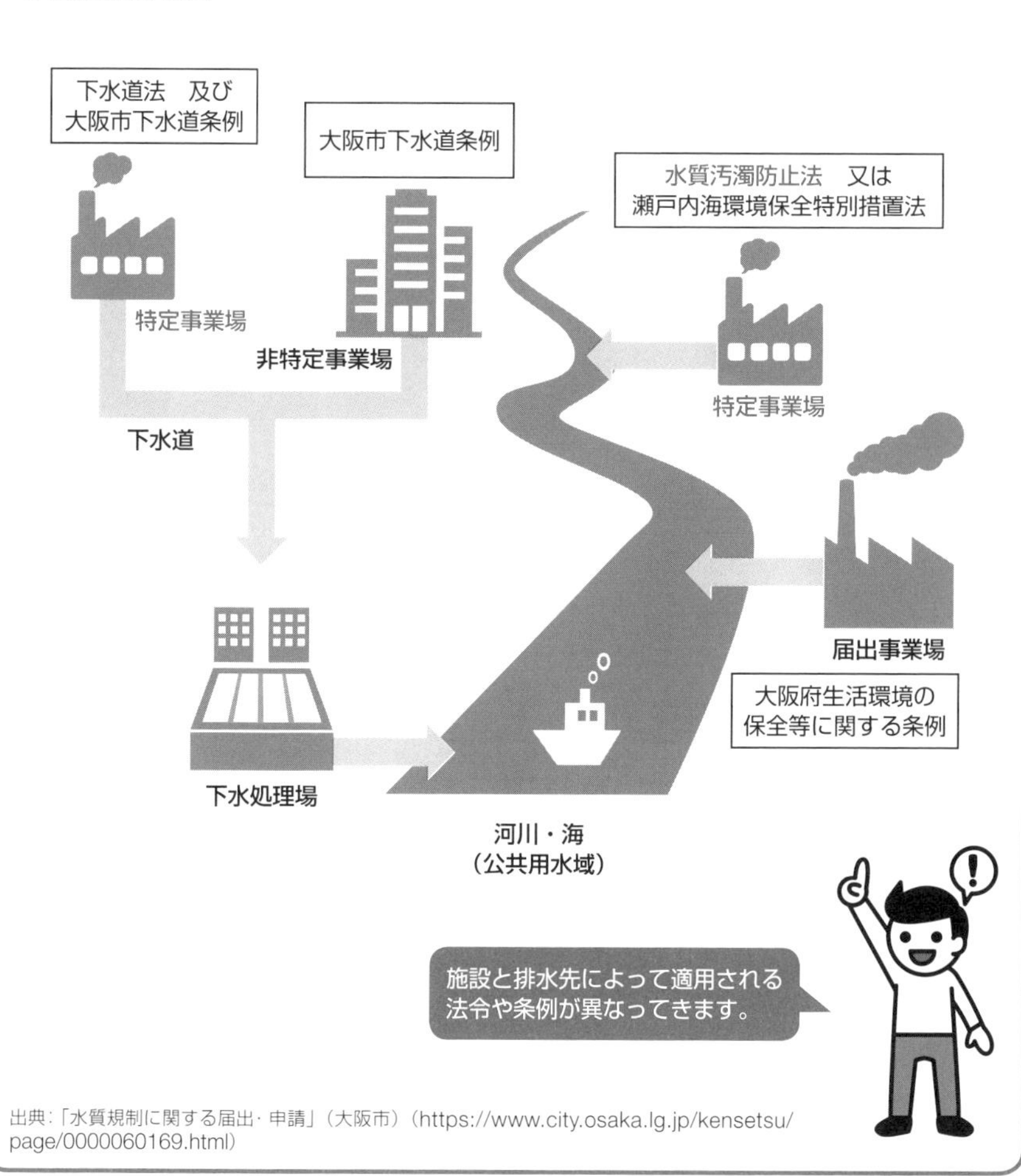

出典：「水質規制に関する届出・申請」（大阪市）（https://www.city.osaka.lg.jp/kensetsu/page/0000060169.html）

これも知っておきたい！

公共用水域

河川、湖沼、港湾、沿岸海域その他公共の用に供される水域及びこれに接続する公共溝渠（こうきょ）、かんがい用水路その他公共の用に供される水路をいう。ただし、終末処理場のある公共下水道等は除かれている（水質汚濁防止法二条一項）。

水質汚濁防止法と下水道法

終末処理場のある下水道に排水している場合でも、雨水については公共用水域に排水している特定事業場は、下水道法だけでなく、水質汚濁防止法の適用を受ける（実際の行政の指導には幅があるようである）。

水質汚濁防止法①
水質汚濁防止法の全体像

主に三つの規制を定める

排水規制と地下水汚染対策

水質汚濁防止法は、図表のように、主に、①排水規制、②地下水汚染対策、③事故時の措置から成る法律です。

まず、①の排水規制の対象は、河川や海などの公共用水域に排水する特定事業場です。本法の中心的な規制と言えます。

特定事業場とは、**特定施設**を設置する事業場です。特定施設の設置や変更をする場合は、届出義務があり、排水基準も遵守しなければなりません。排水基準は、健康項目と生活環境項目の二種類から成ります。

さらに、排水基準の遵守をいわば証明すべく、測定義務もあります。

次に、②の地下水汚染対策とは、平成二四年にスタートした比較的新しい規制です。二八の有害物質が地下に浸透し、地下水汚染を引き起こさないように措置を定めています。

この対象は、有害物質使用特定施設と有害物質貯蔵指定施設となります。これらの設置や変更に届出義務があります。

また、構造基準の遵守も義務付けられています。これは、有害物質が地下に浸透しないようにするため、例えば施設の床面に不浸透性の材料を使用するなどの構造等基準を遵守しなければなりません。

さらに、床面にひび割れが生じていないことなどを確認するため、定期点検の義務もあります。

重要な事故時の措置

本法には、③の事故時の措置の規定もあります。

事故で有害物質や指定物質、油等を公共用水域に大量に流出させた場合、応急措置を行うとともに、都道府県等に対して届け出ることが義務付けられています。

このうち、指定物質とは、トルエンなどが指定されています。平成二三年の法改正で追加され、現在六〇物質あります。

本法にはほかにも、生活排水対策の推進、水質の汚濁の状況の監視等、損害賠償に関する規定などもありますが、まずは、上記三つの規制をきちんと把握するとよいでしょう。

水質汚濁防止法の全体像

	主な対象施設等	物質	規制場面	規制内容
排水	公共用水域に排水する特定事業場（特定施設を設置）	汚水又は廃液	施設設置、公共用水域に排水	施設届出 ＋ 排水基準遵守（測定も）
地下水	特定施設のうち、有害物質使用特定施設 ※下水道に排水でも該当	有害物質（28物質） ※本規制は平成24年6月スタート	施設設置	施設届出 ＋ 構造基準遵守（点検も）
	有害物質貯蔵指定施設 ※有害物質貯蔵を広く規制			
事故	事故で有害物質や指定物質、油等を流出させた施設 ※施設の限定がない	有害物質、指定物質（トルエン等60物質）、油等	事故で公共用水域へ大量流出	事故時通報

これが中心的な規制

本法は、排水規制を中心に、地下水汚染対策や事故時の措置についても定めています。

これも知っておきたい！

特定施設

本法施行令別表一に、具体的な対象施設が定められている。

「酸又はアルカリによる表面処理施設」（六五号）、「自動式車両洗浄施設」（七一号）などのほかに、「化学肥料製造業用のろ過施設、分離施設、水洗式破砕施設、廃ガス洗浄施設、湿式集じん施設」（二四号）など、特定の業種の施設を規制対象にしているものもある。

水質汚濁防止法②
排水規制のポイント

排水の中身と量をチェック

排水基準は二つに分類

水質汚濁防止法は、公共用水域に排水する特定事業場（特定施設を有する事業場）に対して、届出義務とともに、排水基準以下の濃度で排水することを義務付けています。

排水基準の項目は、「健康項目」と「生活環境項目」の二つに分類されています。

「健康項目」とは、人の健康に係る被害を生ずるおそれのある物質を含む排水の項目です。具体的には、カドミウムなどの有害物質に関する排水基準が定められています。

一方、「生活環境項目」とは、水の汚染状態を示す項目であり、水素イオン濃度（pH）や生物化学的酸素要求量（BOD）、浮遊物質量（SS）などを指し、一五の排水基準値が設定されています。

有害物質に関する排水基準は、有害物質を含む排水をする特定事業場すべてに適用されます。しかし、生活環境項目に関する排水基準は、一日の平均的な排水量が五〇㎥以上の特定事業場のみ基準が適用されています。

つまり、特定施設があっても、有害物質を含まず、かつ、一日五〇㎥未満の排水であれば、（届出義務はあるが）排水基準遵守の義務はないということになります。

排水基準に適合しない排出水を排出した場合は、故意・過失を問わず罰則を科せられます。

一律排水基準以外にも注意

以上の排水基準は、いわゆる「一律排水基準」と呼ばれ、国が定める全国一律の基準を指します。

このほか、「上乗せ排水基準」があり、一律排水基準だけでは水質汚濁の防止が不十分な地域で、都道府県が条例によって定める、より厳しい基準もあります。

さらに、「総量規制基準」というものもあります。

これは、環境基準の達成が困難な地域（東京湾、伊勢湾、瀬戸内海）にて、一定規模以上の事業場からの汚濁負荷量（COD、窒素及びりん）の許容限度を定めているものです。

排水基準の適用のされ方　〜健康項目と生活環境項目〜

健康項目
→ カドミウムなどの有害物質（62頁参照）

⇒ すべての排出水に排水基準適用

生活環境項目
→ ①pH（水素イオン濃度）、②BOD（生物化学的酸素要求量）、③COD（化学的酸素要求量）、④SS（浮遊物質量）、⑤ノルマルヘキサン抽出物質（鉱油類）、⑥ノルマルヘキサン抽出物質（動植物油脂類）、⑦フェノール類、⑧銅、⑨亜鉛、⑩溶解性鉄、⑪溶解性マンガン、⑫クロム、⑬大腸菌群数、⑭窒素、⑮りん

⇒ 平均排水50㎥／日以上の排出水に排水基準適用

⇒ つまり、特定施設があっても、
有害物質を含まず、排水量が50㎥未満なら、
届出義務はあるが、排水基準遵守の義務はない。

＋これも知っておきたい！

排水量の裾下げ

上乗せ基準には、一日の平均的な排水量が五〇㎥未満の事業場に生活環境項目の排水基準を適用させるために、排水基準が適用される排水量を裾下げするという条例規制もある。

地下浸透の規制

本法では、排水規制とは別に、特定地下浸透水規制も定める。有害物質を製造、使用又は処理する特定施設を設置する特定事業場から地下に浸透する水の地下浸透を制限している。違反した場合は、浄化命令が出ることもある。

水質汚濁防止法③

強まる有害物質規制

対象物質と規制値は変わる

有害物質の排水規制

水質汚濁防止法は、「有害物質」に対して厳しい規制をしています。対象となる有害物質は、カドミウムや鉛、六価クロム、水銀など、図表の通り、現在二八種類が規定されています。

ここで注意すべきは、対象となる「有害物質」が時代とともに追加されてきたことです。

例えば、平成一三年に、ほう素及びその化合物、ふっ素及びその化合物、アンモニア、アンモニウム化合物、亜硝酸化合物及び硝酸化合物が追加されました。また、平成二四年には、塩化ビニルモノマー、一・四—ジオキサンが追加されました。

ところが、各企業が取りまとめている法令の管理シート（「法規制登録簿」など）を見ると、これら有害物質を取り上げていないことがあります。法改正を追えていないのです。

「排水基準を定める省令」では、有害物質の排水基準も設定され、違反すれば、罰則等が適用されます。

有害物質の排水基準は、有害物質を少量でも扱っていれば適用対象となる厳しい基準です。改正で追加された有害物質を取り扱っている場合、規制対象となるかもしれません。

さらに、対象物質の規制値が強化される改正もあるので、この点も注意が必要でしょう。

地下水や事故時の措置でも

有害物質規制は、排水規制だけではありません。

本法の地下水汚染対策では、有害物質使用特定施設や有害物質貯蔵指定施設が規制対象となっています。該当する場合は、届出や構造等の基準遵守、定期点検の義務が課されています。

さらに、事故時の措置においても、油や指定物質とともに、有害物質が流出した場合も、応急措置と都道府県知事等への通報が義務付けられています。

本法の規制ターゲットとして最も重視されているのが二八種類の有害物質なのです。自社で有害物質を取り扱っている場合は十分な注意が必要です。

水質汚濁防止法の対象となる有害物質

No.	物質	No.	物質
1	カドミウム及びその化合物（平成26年 規制値強化）	15	1・2-ジクロロエチレン
2	シアン化合物	16	1・1・1-トリクロロエタン
3	有機燐化合物（パラチオン、メチルパラチオン、メチルジメトン及びEPNに限る）	17	1・1・2-トリクロロエタン
4	鉛及びその化合物	18	1・3-ジクロロプロペン
5	六価クロム化合物（令和6年 規制値強化）	19	チウラム
6	砒(ひ)素及びその化合物	20	シマジン
7	水銀及びアルキル水銀その他の水銀化合物	21	チオベンカルブ
8	ポリ塩化ビフェニル	22	ベンゼン
9	トリクロロエチレン（平成27年 規制値強化）	23	セレン及びその化合物
10	テトラクロロエチレン	24	ほう素及びその化合物
11	ジクロロメタン	25	ふっ素及びその化合物
12	四塩化炭素	26	アンモニア、アンモニウム化合物、亜硝酸化合物及び硝酸化合物
13	1・2-ジクロロエタン	27	塩化ビニルモノマー
14	1・1-ジクロロエチレン	28	1・4-ジオキサン

平成13年追加（24〜26）

平成24年追加（27〜28）

現在28物質。物質が追加されたり、規制値が強化されたりすることがあります。

これも知っておきたい！

排水規制値の強化の例

平成二六年一二月より、カドミウム及びその化合物の排水基準が、〇・一mg／ℓから〇・〇三mg／ℓに強化された。また、平成二七年一〇月より、トリクロロエチレンの排水基準が、〇・三mg／ℓから〇・一mg／ℓに強化された。

令和六年一月には、六価クロム化合物の排水基準が、〇・五mg／ℓから〇・二mg／ℓに強化された（四月一日施行）。

条例規制の強化にも注意

本法の排水基準が改正されると、都道府県等の生活環境保全条例で定める独自の排水規制も同様に改正されることがある。

水質汚濁防止法④ 地下水汚染対策とは?

有害物質貯蔵指定施設に注意!

地下水汚染対策のポイント

水質汚濁防止法の改正により、平成二四年より新しい地下水汚染対策がスタートしました。本法の排水規制とは異なり、公共用水域への排水の有無は要件とはなりません。

「有害物質使用特定施設」又は「有害物質貯蔵指定施設」の設置や変更等をするときは、都道府県知事等に届け出なければなりません。

このうち、後者の有害物質貯蔵指定施設とは、本法が対象とする二八種類の有害物質を液状で貯蔵する施設を指します。改正前は、本法の規制対象ではなかったので、こうした施設が工場等にあっても、本法の規制対象となったと気づかない事業者も時折見られるので注意が必要です。

対象施設については、施設の床面、周囲、付帯配管等について、「構造、設備及び使用の方法に関する基準」を遵守する義務があります。

例えば、施設を設置している床面から有害物質が浸透しないように、床面全面を不浸透性のコンクリートにするなどの構造等の基準が設定されています。

さらに、こうした構造等が維持されているかを確認するために、目視等で定期点検を行い、その結果を記録し（実施日、点検方法・結果など。補修等した場合は内容も）、三年間保存しなければなりません。

A基準とB基準の違いに注意

構造等の基準と定期点検には、図表の通り、A基準とB基準が設定されています。

これは、本規制が施行されて以降に新規に設置する施設と、施行された時点で既に設置されていた施設への規制を分けたためです。

例えば、新設の場合は、施設を設置工事する前に、床面を全面的に不浸透性の材料にすることができますが、既設の場合は、それは難しい工事となります。そこで、既設の場合は、施設直下の床面だけは不浸透性の材料を使用しないことを認める一方、浸透のリスクは高まるので、定期点検の頻度をA基準よりも多くしています。

水質汚濁防止法の地下水汚染対策における２種類の基準

A基準

- ○新設の施設に適用
- ○例えば床面は全面を不浸透性のコンクリートとする等、最大限の対策
- ○定期点検の頻度は最も少ない

B基準

- ○既存施設（平成24年6月時点で既に設置されていた施設）に適用
- ○例えば、床面は施設直下を除き不浸透性とする等、可能な限り対策
- ○定期点検の頻度はA基準より多い

本規制の施行時点（平成24年6月）で既に設置されていた対象施設にはB基準が適用されます。

「水質汚濁防止法改正（構造等規制制度）の概要」（環境省）（https://www.env.go.jp/water/chikasui/brief2012/manual/kouen1.pdf）をもとに筆者作成

これも知っておきたい！

汚染未然防止マニュアル

環境省が「地下水汚染の未然防止のための構造と点検・管理に関するマニュアル」をまとめている。規制対象外の作業場所での汚染防止を含め、具体的な取組み事例が収録され、参考になる。

C基準

本規制施行時には、A、B基準のほかにC基準があった。平成二四年六月時点で既設の施設については三年間、施設の改修が不要とされる一方、最も頻度の高い定期点検が求められた。平成二七年五月までの期間限定の猶予措置であり、現在はなく、その施設にはB基準が適用されている。

水質汚濁防止法⑤ 事故時の措置

緊急事態対応手順と連動してる?

事故時の措置とは

水質汚濁防止法では、図表のように、三つのケースの事故が生じ、対象物質を含む水が公共用水域に排出されたり、又は地下に浸透したりしたことによって、健康や生活環境への被害を生ずるおそれがあるとき、事故時の措置を義務付けています。

具体的には、直ちに応急措置を講ずるとともに、速やかに事故の状況及び講じた措置の概要を都道府県知事等に届け出なければなりません。

対象となるケースの一つ目は、特定施設を設置する事業場（特定事業場）からの漏えいです。

二つ目は、指定施設を設置する工場又は事業場（指定事業場）からの漏えいです。

指定施設とは、有害物質（二八種類）を貯蔵・使用し、又は指定物質を製造・貯蔵・使用・処理する施設を指します。

このうち、指定物質には、ホルムアルデヒド、水酸化ナトリウム、酢酸エチル、硫酸、クロロホルム、トルエン、スチレン、鉄及びその化合物など、六〇物質が指定されています。

三つ目は、貯油施設等を設置する工場又は事業場（貯油事業場等）からの漏えいです。

貯油施設等とは、油を貯蔵する貯油施設と、油を含む水を処理する油水分離施設を指します。また、油とは、原油、重油、潤滑油、軽油、灯油、揮発油、動植物油のことです。

多くの企業では、油の流出等を緊急事態ととらえて、対応手順を整備していますが、本法の事故時の措置と連動していないことも少なくありません。いざというときに法対応に漏れがないようにチェックしておきたいものです。

措置命令と罰則も

対象事業場の設置者が応急措置を講じていないとき、都道府県等は応急の措置を講ずべきことを命ずることができます。

この命令に違反した場合は、六カ月以下の懲役又は五〇万円以下の罰金に処するなどの罰則もあるので注意が必要です。

事故時の措置の対象

特定施設	①有害物質、②生活環境項目（BOD等）で被害が生じるおそれのあるものの、いずれかの要件を満たす汚水等を排出
指定施設 ※対象が広いので注意	①有害物質の貯蔵・使用、②指定物質（60種類）の製造・貯蔵・使用・処理
貯油施設等 ※対象が広いので注意	油（原油、重油、潤滑油、軽油、灯油、揮発油、動植物油）の貯蔵、又は油を含む水の処理

➡ **対象物質を含む水が公共用水域に排出されたり、地下に浸透したことにより、健康や生活環境への被害を生ずるおそれがあるとき＝事故時の措置を義務付け**

これも知っておきたい！

「おそれ」を判断する者は？

事故時の措置は、健康や生活環境に被害を生ずるおそれがあるときに行われるが、その「おそれ」を判断する物質の濃度や量の基準はない。まずは事業者自らが「おそれ」を判断することになる。

指定物質の追加

指定物質への規制は、平成二三年から開始したが、その後、二四年五月にクロム及びその化合物など六物質が、一〇月にはヘキサメチレンテトラミンがそれぞれ追加された。

令和四年一二月には、PFOS及びその塩やPFOA及びその塩など四物質が追加された。

水質汚濁

下水道法

利用事業者への規制

下水道条例とセットで理解を

対象事業者と義務

下水道法は、都市インフラとして不可欠な下水道の整備を図る法律です。その一環として、下水道を利用する事業者に対して様々な規制を定めています。

まず、下水道に排水し、特定施設を設置しようとする事業所は、公共下水道管理者に届け出なければなりません。特定施設の構造等を変更しようとするときも同様です。届出をした者は、その届出が受理された日から六〇日を経過した後でなければ、特定施設の設置又は構造等の変更をしてはなりません。

また、下水排除基準等を遵守するとともに、測定も行い、測定結果の記録を五年間保存しなければなりません。

「特定施設」とは、水質汚濁防止法施行令別表一の特定施設とともに、ダイオキシン類対策特別措置法施行令別表二の特定施設を指します。

また、①一日に最大五〇㎥以上の量の下水を排除する場合、又は、②一定基準以上の水質の下水を排除する場合、あらかじめ下水の量・水質・使用開始の時期等を公共下水道管理者に届け出なければなりません。

条例で除害施設の規制も

公共下水道管理者が、著しく下水道の施設の機能を妨げ、又は施設を損傷するおそれのある下水を継続して排除する者に対して、条例で規制することも認めています。

具体的には、条例で、下水による障害を除去するために必要な施設（**除害施設**）を設けなければならない旨を定めた場合は、これに従うことも義務付けています。

このほか、特定事業場から下水を排除して公共下水道を使用する者に、事故時の措置も定めています。

健康や生活環境への被害を生ずるおそれがある物質又は油として政令で定めるものを含む下水が公共下水道に流入する事故が発生したときは、直ちに応急の措置を講じることを義務付けています。また、速やかに、事故状況と講じた措置を公共下水道管理者に届け出なければなりません。

下水道を利用する事業者規制の3つのポイント

1	下水道に排水 + 特定施設の設置	公共下水道管理者に届出	下水排除基準等の遵守
2	日最大50㎥以上の量の下水を排除など	あらかじめ下水量などを公共下水道管理者に届出	
3	公共下水道管理者が条例で定めた場合	除害施設を設置	

これも知っておきたい！

下水道法の目的

下水道法は、水質汚濁防止法と同様に、公共用水域の水質保全も目的にしているが、同時に、「都市の健全な発達及び公衆衛生の向上」に寄与することも目的にしている。

除害施設の例

神奈川県三浦市のウェブサイトでは、食品製造業はスクリーン、メッキは凝集沈殿装置、塗装は加圧浮上処理装置などが除害施設として掲げられている。

水質汚濁

浄化槽法

浄化槽管理者への規制

一一条検査を忘れずに

浄化槽設置時の規制

浄化槽法は、浄化槽に関する包括的な法律なので、規定事項も様々です。浄化槽の設置や保守点検、清掃に関する規定はもちろん、浄化槽工事業者の登録制度、浄化槽清掃業の許可制度についても定めています。浄化槽設備士や浄化槽管理士の資格制度の規定もあります。

しかし、多くの事業者にとっては、浄化槽は利用する対象ですので、本法の規制内容のうち、利用者への規制に対応することが重要です。

利用規制では、まず、浄化槽の設置時の規制があります。浄化槽を設置しようとする場合、あらかじめ都道府県知事等へ届け出なければなりません。また、浄化槽の使用開始から三〇日以内に都道府県知事等に報告することや、浄化槽の使用開始後三～五カ月以内に指定検査機関による水質検査（七条検査）を受けることなども義務付けられています。

さらに、五〇一人槽以上の浄化槽の場合は、技術管理者を選任しなければなりません。

設置後、利用時の規制

浄化槽を設置後、それを利用する事業者（浄化槽管理者）にも規制があります。

まず、各種の届出義務です。届け出た浄化槽の構造や規模を変更する場合、あらかじめ都道府県知事等へ届け出なければなりません。浄化槽管理者に変更があったときや、選任した技術管理者を変更したときは、三〇日以内に都道府県知事等へ届け出なければなりません。

次に保守点検・清掃義務です。毎年一回（原則）、浄化槽の保守点検・清掃を行い、記録を作成します。保守点検の回数は浄化槽の種類によって異なる場合があります。

さらに「一一条検査」と呼ばれる検査義務があります。これは、毎年一回、指定検査機関による検査を受けるというものです。検査の種類には、外観検査、水質検査、書類検査があります。特に一一条検査を実施し忘れている事業者が散見されるので注意が必要です。

浄化槽管理者への規制の3つのポイント

1	届出	届出をした浄化槽の構造・規模を変更する場合など、都道府県知事等へ届出をする
2	保守点検・清掃	毎年1回（原則）、浄化槽の保守点検・清掃を行い、記録を作成をする
3	11条検査	毎年1回、指定検査機関により、検査（11条検査）を受ける

これも知っておきたい！

単独浄化槽と合併浄化槽

単独処理浄化槽がトイレの排水のみを処理するものである一方、合併処理浄化槽は、生活排水も処理するもの。

平成一三年より単独処理浄化槽の新設は原則として禁止された。

令和元年改正法

令和元年六月、本法が改正された。二年四月施行。

改正のポイントは二つある。一つは、「特定既存単独処理浄化槽」の管理者に都道府県がその除却などを指導するなど、合併処理浄化槽への転換促進だ。

もう一つは、浄化槽管理の強化の措置だ。一一条検査の受検率の低さを改善するため、都道府県が浄化槽台帳を整備する。

土壌汚染

土壌汚染対策法①

どんなときに汚染調査をするか？

特に二つの場面の調査に注意

主に二つの場面で調査義務付け

土壌汚染対策法は、主に二つの義務を定めています。

一つは、後述する場面において、土壌の特定有害物質による汚染状況の調査を義務付けています。

もう一つは、汚染調査の結果、汚染が判明した場合、その汚染による人の健康に係る被害の防止に関する措置を義務付けていることです。

このうち、汚染調査の義務は、主に二つの場面で土地の所有者等に課せられています。

第一の場面は、有害物質使用特定施設を廃止したときです。有害物質使用特定施設とは、水質汚濁防止法の特定施設で特定有害物質を製造・使用等していたものを指します。

ただし、このように定めた上で、本法三条一項「ただし書」では、廃止後に予定される土地利用からみて健康被害のおそれがないという都道府県等の確認を受けた上で、一時的に調査の免除が認められています。

例えば、工場として継続して操業する場合は、関係者以外がその土地に入ることはできず、汚染土壌によるリスクが高まるわけではないので、汚染調査を猶予するという趣旨です。

法改正により、平成三一年四月からは、この「ただし書」の規制が強化されました。一時的に調査の免除を受けた土地であっても、原則九〇〇㎡以上の土地の形質の変更を行う際には届出を行い、都道府県等の命令を受けて土壌汚染状況調査を行うことが義務付けられました。

大規模な土地形質変更時も

第二の場面は、三〇〇〇㎡以上の土地の形質変更を行う場合や、現に有害物質使用特定施設が設置されている土地では九〇〇㎡以上の土地の形質の変更を行う場合のうち、都道府県等から調査命令を受けたときです。

こうした形質変更を行う場合はあらかじめ都道府県等に届出が義務付けられています。届出を受けた都道府県等は、汚染のおそれがあるかを検討し、おそれがあると判断したときに調査命令を出すことになります。

土壌汚染対策法における汚染調査の場面

汚　染　調　査

①有害物質使用特定施設の使用を廃止したとき（3条）

●操業を続ける場合には、一時的に調査の免除を受けることも可能（3条1項ただし書）
●一時的に調査の免除を受けた土地で、900㎡以上の土地の形質の変更を行う際には届出を行い、都道府県等の命令を受けて土壌汚染状況調査を行うこと（3条7項・8項）

②一定規模以上の土地の形質の変更の届出の際に、土壌汚染のおそれがあると都道府県等が認めるとき（4条）

●3,000㎡以上の土地の形質の変更又は現に有害物質使用特定施設が設置されている土地では900㎡以上の土地の形質の変更を行う場合に届出を行うこと
●土地の所有者等の全員の同意を得て、上記の届出の前に調査を行い、届出の際に併せて当該調査結果を提出することも可能（4条2項）

③土壌汚染により健康被害が生ずるおそれがあると都道府県等が認めるとき（5条）

④自主調査において土壌汚染が判明した場合に土地の所有者等が都道府県等に区域の指定を申請できる（14条）

①～③においては、土地の所有者等が指定調査機関に調査を行わせ、結果を都道府県等に報告

土壌の汚染状態が指定基準を超過した場合

↓

区　域　の　指　定　等

特に①と②の規制対象に該当しないかどうか確認が必要です。

「土壌汚染対策法の概要」（環境省）（https://www.env.go.jp/water/dojo/low/rm_area0401.pdf）をもとに筆者作成

これも知っておきたい！

特定有害物質

　具体的には本法施行令一条にリストアップされている。鉛、砒（ひ）素、トリクロロエチレンなど、計二六物質が特定されている。

特定有害物質の追加

　平成二九年四月から、特定有害物質に、クロロエチレン（塩化ビニル又は塩化ビニルモノマー）が新たに追加された。

　クロロエチレンの各種基準値も定められ、土壌溶出量基準・地下水基準が〇・〇〇二㎎／ℓ以下、第二溶出量基準が〇・〇二㎎／ℓ以下となった。

土壌汚染

土壌汚染対策法②

汚染された土地の管理方法

土砂持ち出しにも注意

汚染区域として管理

土壌汚染状況調査の結果、基準に適合しない場合、都道府県等により「要措置区域」又は「形質変更時要届出区域」に指定・公示されます。

「要措置区域」は、健康被害のおそれがある場合に指定されます。原則として土地の形質変更はできません。都道府県知事等は汚染原因者(不明等の場合は土地所有者等)に要措置区域内での汚染の除去等の措置を指示できます。

一方、「形質変更時要届出区域」は、健康被害のおそれがない場合に指定されます。区域内の土地の形質変更を行う場合は事前に都道府県等への届出が義務付けられています。

二つの区域とも汚染区域です。その違いは、汚染の摂取経路があり、健康被害が生ずるおそれがあるかどうかで判断されます。例えば、飲料用の井戸の有無などで判断されます。要措置区域において摂取経路の遮断が行われた場合は、形質変更時要届出区域に移行することができます。また、汚染の除去が行われた場合は、いずれの区域としても解除されます。

汚染土壌搬出規制も

要措置区域や形質変更時要届出区域内から外へ土壌を搬出する場合、廃棄物処理法の産業廃棄物の処理の規制に類似した、厳しい規制を課しています。

まず、汚染土壌を搬出しようとするとき、搬出する者は、搬出に着手する日の一四日前までに、都道府県知事等に対して届け出なければなりません。

また、搬出する者は、許可を持つ汚染土壌処理業者に汚染土壌の処理を委託しなければなりません。

さらに表示義務を含む運搬基準を遵守するとともに、汚染土壌の管理票の交付・保存義務などもあります。このほか、汚染土壌の処理業には許可制を導入しており、処理基準の遵守等も義務付けています。

本法はこれらの対策により、汚染された土地の適切な管理を目指しています。

土壌汚染対策法における汚染土壌の管理方法

●土壌の汚染状態が指定基準を超過した場合

●区域の指定等

●要措置区域（6条）

汚染の摂取経路があり、健康被害が生ずるおそれがあるため、汚染の除去等の措置が必要な区域

▶土地の所有者等は、都道府県等の指示に係る汚染除去等計画を作成し、確認を受けた汚染除去等計画に従った汚染の除去等の措置を実施し、報告を行うこと（7条）

▶土地の形質の変更の原則禁止（9条）

●形質変更時要届出区域（11条）

汚染の摂取経路がなく、健康被害が生ずるおそれがないため、汚染の除去等の措置が不要な区域（摂取経路の遮断が行われた区域を含む）

▶土地の形質の変更をしようとする者は、都道府県等に届出を行うこと（12条）

汚染の除去が行われた場合には、区域の指定を解除

●汚染土壌の搬出等に関する規制

・要措置区域及び形質変更時要届出区域内の土壌の搬出の規制（16条、17条）（事前届出、計画の変更命令、運搬基準の遵守）

・汚染土壌に係る管理票の交付及び保存の義務（20条）

・汚染土壌の処理業の許可制度（22条）

汚染調査の結果、土壌汚染が判明した場合、その場所が区域として管理されるとともに、汚染土壌の搬出が規制されます。

「土壌汚染対策法の概要」（環境省）（http://www.env.go.jp/water/dojo/low/rm_area0401.pdf）をもとに筆者作成

これも知っておきたい！

平成二九年改正法

本法の改正法が、平成二九年五月に公布され、三一年四月に全面施行された。

①汚染調査の対象拡大

有害物質使用特定施設を廃止したものの汚染調査が猶予されている土地について、九〇〇㎡以上の土地の形質変更を行う場合、届出と汚染調査義務が発生する。

また、有害物質使用特定施設を稼働中の土地では、九〇〇㎡以上の土地の形質変更を行う場合、届出が義務付けられ、汚染のおそれがあれば調査義務が発生する。

②汚染除去措置の計画提出命令

都道府県等は、要措置区域内における措置内容に関する計画の提出等の命令を行う。

騒音規制法

対象と規制内容は？

設置・変更時に注意を

工場・事業場への規制

騒音規制法は、工場・事業場における事業活動や建設工事に伴って発生する騒音を規制するものです。

工場・事業場への規制では、都道府県等が定める指定地域において、本法施行令で定める特定施設（図表参照）を設置する場合に規制が適用されます。

指定地域とは、住居集合地域、病院、学校周辺など騒音防止により住民の生活環境を保全する必要があると認められる地域が都道府県等により指定された地域です。都道府県や市町村のウェブサイトなどで確認するとよいでしょう。

特定施設の設置・変更等の市町村長への届出が義務付けられています。施設の設置や構造等の変更については、工事開始三〇日前までに届け出なければなりません。

また、規制基準を遵守しなければなりません。規制基準は、都道府県等が環境大臣の定める基準内で設定しています。

規制基準を超えた騒音を出した場合、直ちに罰則が適用されることはありませんが、市町村長による改善勧告や改善命令が出されることがあります。

本法の対象施設があるにもかかわらず、届出をしていない事業場が時折見受けられます。特に新たな設備を設置等する場合は、本法の対象となっていないかどうかを含めて確認する手順が必要です。

建設作業への規制

建設作業への規制では、指定地域において、本法施行令で定める建設作業をする場合に規制が適用されます。具体的には、所定のくい打機、びょう打機、一五kW以上の空気圧縮機、八〇kW以上のバックホウなどを使用する建設作業となります。

工事開始七日前までに作業等の届出を行うとともに、規制基準を遵守しなければなりません。

本法には各種の罰則規定もあります。特定施設の設置者に出された改善命令に違反した場合は、一年以下の懲役又は一〇万円以下の罰金に処されます。

騒音規制法の対象施設

●特定施設

1	金属加工機械	圧延機械（原動機定格出力計22.5kW以上）など11種類
2	空気圧縮機及び送風機	原動機の定格出力7.5kW以上（環境大臣が指定するものを除く） ※現在環境大臣が指定しているものはない。
3	土石用又は鉱物用の破砕機、摩砕機、ふるい及び分級機	原動機の定格出力7.5kW以上
4	織機	原動機を用いるもの
5	建設用資材製造機械	コンクリートプラント（気ほうコンクリートプラントを除き、混練機の混練容量0.45㎥以上）など2種類
6	穀物用製粉機	ロール式で原動機の定格出力7.5kW以上
7	木材加工機械	ドラムバーカーなど6種類
8	抄紙機	−
9	印刷機械	原動機を用いるもの
10	合成樹脂用射出成形機	−
11	鋳型造型機	ジョルト式のもの

注：令和3年12月、本法施行令が改正され、空気圧縮機について「環境大臣が定めるもの」は除かれることになった（4年12月施行）。ただし、現在指定されたものはない。

騒音規制法の工場等への規制措置は、11種類の特定施設を対象としています。

これも知っておきたい！

規制基準の例

札幌市では、特定施設への規制基準として、工場等の敷地境界線において、朝・夕、昼間、夜間の時間ごとに、かつ、第一種〜第四種の区域ごとに、四〇〜七〇デシベル以下の規制基準を設定している。

届出の特例

特定施設の種類ごとの数を変更しようとするときも届出が必要だが、特定施設の種類ごとの数をその特定施設の種類に係る直近の届出により届け出た数の二倍以内の数に増加する場合は、届出は不要とされている。

振動規制法

対象と規制内容は？

騒音規制法とは兄弟

工場・事業場への規制

振動規制法は、騒音規制法と同じような構成であり、工場・事業場における事業活動や建設工事に伴って発生する振動を規制するものです。

工場・事業場への規制では、都道府県知事等が定める指定地域において、本法施行令で定める特定施設（図表参照）を設置する場合に規制が適用されます。

指定地域とは、住居集合地域、病院、学校周辺など振動防止により住民の生活環境を保全する必要があると認められる地域が都道府県知事等により指定された地域です。都道府県や市町村のウェブサイトなどで確認するとよいでしょう。

特定施設の設置・変更等は市町村長への届出が義務付けられています。施設の設置や構造等の変更については、工事開始三〇日前までに届け出なければなりません。

また、規制基準を遵守しなければなりません。規制基準は、都道府県等が環境大臣の定める基準内で設定しています。

規制基準を超えた振動を出した場合、直ちに罰則が適用されることはありませんが、市町村長による改善勧告や改善命令が出されることがあります。

本法の対象施設があるにもかかわらず、届出をしていない事業場が時折見受けられます。特に新たな設備を設置等する場合は、本法の対象となっていないかどうかを含めて確認する手順が必要です。

建設作業への規制

建設作業への規制では、指定地域において、**本法施行令で定める建設作業**をする場合に規制が適用されます。工事開始七日前までに作業等の届出を行うとともに、規制基準を遵守しなければなりません。

本法には各種の罰則規定もあります。特定施設の設置者に出された改善命令に違反した場合は、一年以下の懲役又は五〇万円以下の罰金に処されます。また、建設作業に関する改善命令に違反した場合は、三〇万円以下の罰金となります。

振動規制法の対象施設

●特定施設

1	金属加工機械	液圧プレス（矯正プレスを除く）など５種類
2	圧縮機	原動機の定格出力7.5kW以上（環境大臣が指定するものを除く）
3	土石用又は鉱物用の破砕機、摩砕機、ふるい及び分級機	原動機の定格出力7.5kW以上
4	織機	原動機を用いるもの
5	コンクリートブロックマシン	（原動機の定格出力の合計2.95kW以上）など３種類
6	木材加工機械	ドラムバーカーなど２種類
7	印刷機械	原動機の定格出力2.2kW以上
8	ゴム練用又は合成樹脂練用のロール機	カレンダーロール機以外で原動機の定格出力30kW以上
9	合成樹脂用射出成形機	－
10	鋳型造型機	ジョルト式

注：令和３年12月、本法施行令が改正され、圧縮機について「環境大臣が定めるもの」は除かれることになった（４年12月施行）。通常運転で機器から５m離れた地点における振動レベルが60dBを超えないスクリュー式の圧縮機で、環境省の審査により型式指定を受けた機器は、本法の特定施設から除外されている。

振動規制法の工場等への規制措置は、10種類の特定施設を対象としています。

これも知っておきたい！

学校等が近くにある場合の基準

国の基準を踏まえて、学校や病院などの敷地の周囲おおむね五〇mの区域内における振動規制基準について、都道府県知事等は、通常の基準値から五デシベルを減じた値以上とすることができる。

対象となる建設作業

本法施行令別表二において、所定のくい打機、くい抜機又はくい打くい抜機を使用する作業など、四つの建設作業が定められている。

悪臭防止法
基準遵守のみの規制

基準変更に注意

規制地域内すべての事業場が対象

悪臭防止法は、都道府県等が定める規制地域に事業場を設置している者に対して、規制基準の遵守を義務付けています。

騒音規制法や振動規制法と異なり、対象施設を限定していないことに注意が必要です。

また、事故が発生し、規制基準に適合しないおそれが生じたときは、直ちに応急措置を講じ、市町村長に通報しなければなりません。

二種類の規制基準

都道府県等は、**特定悪臭物質**か、又は臭気指数の規制基準のいずれかを定めることができます。

特定悪臭物質とは、不快なにおいの原因となり、生活環境を損なうおそれのあるアンモニアなどの二二物質のことです。対象物質ごとに濃度基準を定めて規制しています。一方、臭気指数とは、人間の嗅覚によってにおいの程度を数値化したものです。いずれも敷地境界線、排出口、排出水それぞれについて基準が定められています。

かつて本法の規制基準は、前者の特定悪臭物質を指定して行う方式のみでした。しかし、特定の物質による規制だけでは、複合臭や未規制物質の悪臭に対応できないので、すべての悪臭を包括的に規制できる臭気指数の規制基準が導入されたのです。

例えば、栃木県では、平成二四年から県内全市町における、都市計画法に基づく用途地域及び市町長が必要と認める地域を対象に、臭気指数の規制基準を適用しました。敷地境界線で、住居系地域で臭気指数一五などの基準を設定しています。

注意したいのは、特定悪臭物質を扱っていないものの、悪臭を発している事業場です。

こうした事業場のある地域が、特定悪臭物質の規制基準から臭気指数の規制基準に切り替えられた場合、この事業場は基準オーバーとなる可能性があります。自社からの悪臭発生の状況把握とともに、規制基準切り替えの状況の把握も求められると言えるでしょう。

悪臭防止法と騒音規制法などとの違い

騒音規制法 振動規制法	①工場・事業場への規制 ・指定地域内の特定施設へ規制 ・特定施設の例：7.5kW以上の空気圧縮機・送風機など（騒音規制法） ・届出、規制基準遵守 ②建設作業への規制 ・指定地域内の、くい打機などの建設作業をする場合、届出、規制基準遵守
悪臭防止法	①規制基準の遵守 ・規制地域の事業場は、規制基準遵守 ※施設の限定なし ※規制基準には２種類あり ①特定悪臭物質濃度規制（22種類） ②臭気指数規制 ②事故時の措置 ・事故で基準超え、応急措置、通報

●規制対象の違いのイメージ

指定地域内の特定施設のみを規制（届出、規制基準遵守）

規制地域の事業場をもれなく規制（規制基準遵守）

悪臭防止法は、騒音規制法などと異なり、対象施設を限定していません。

これも知っておきたい!

特定悪臭物質

本法施行令一条により、次の二二物質が設定されている。

①アンモニア、②メチルメルカプタン、③硫化水素、④硫化メチル、⑤二硫化メチル、⑥トリメチルアミン、⑦アセトアルデヒド、⑧プロピオンアルデヒド、⑨ノルマルブチルアルデヒド、⑩イソブチルアルデヒド、⑪ノルマルバレルアルデヒド、⑫イソバレルアルデヒド、⑬イソブタノール、⑭酢酸エチル、⑮メチルイソブチルケトン、⑯トルエン、⑰スチレン、⑱キシレン、⑲プロピオン酸、⑳ノルマル酪酸、㉑ノルマル吉草酸、㉒イソ吉草酸

感覚公害と条例

感覚公害条例のポイント

規制対象は広い

法の規制対象外を規制

騒音・振動・悪臭の感覚公害に関する規制を定めた条例は、全国各地にあります。これは、苦情が多いこともあり、各地の行政がきめ細かく対応した結果でしょう。事業者も見落とすことのないように注意したいものです。

規制手法には、図表の通り、いくつかの特徴が見られます。

まず、法の規制対象外の施設等を規制する場合です。

例えば、兵庫県は、「環境の保全と創造に関する条例」により、騒音規制法や振動規制法の定める施設ではない施設も規制対象としています。具体的には、三・七五kW以上の送風機やグラインダー（一部を除く）など、四四種類を規制対象に、届出や規制基準遵守を義務付けています。

悪臭規制の注意点

悪臭防止法の項（八〇ページ）でも紹介したように、同法が定める二種類の規制基準を地方自治体が変更することにも注意が必要です。

例えば、鹿児島県霧島市では、平成二七年一〇月より同法に基づく規制方式を従来の「特定悪臭物質濃度規制」から「臭気指数規制」に変更しました。市内に立地する、すべての工場・事業場が対象となります。

この変更は、平成二七年霧島市告示七一号で行われていますが、市のウェブサイトなどを確認していなければ見落としてしまいがちです。

さらに、同法の規制とともに、自治体独自の規制もセットで定めている自治体もあります。

例えば、千葉県市川市では、市内全域に、悪臭防止法を適用させ、市内の工場・事業場へ特定悪臭物質規制を課しています。

しかし、一方で、市川市環境保全条例により、市内全域に「臭気の濃度」による規制も実施しています。また、食料品製造業の乾燥施設など一二施設を「特定施設」として届出義務も課しています。

このように、感覚公害に関連する自治体の独自規制には多種多様なものがあるので、注意したいものです。

感覚公害条例の規制方式の例

例1 法令の規制対象以外の施設等を独自に規制【騒音・振動・悪臭共通】

例：兵庫県条例　44種類の施設に対して、届出や規制基準遵守を義務付け（騒音）

例2 規制基準の切り替え【悪臭】

例：鹿児島県霧島市条例　特定悪臭物質濃度規制から臭気指数規制に切り替え

例3 法律と条例をセットで規制【悪臭】

例：千葉県市川市条例　法律で特定悪臭物質規制、条例で「臭気の濃度」規制等

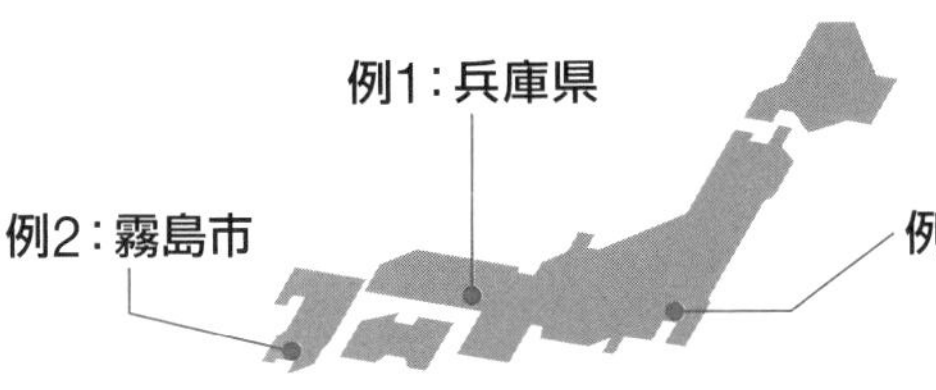

苦情の多い感覚公害対策として、自治体は条例で独自規制を多く行っています。

これも知っておきたい！

条例で特定の施設への悪臭規制

例えば、栃木県生活環境保全条例では、パルプの製造の用に供する施設で蒸解施設など、八種類の特定施設について、設置等の届出とともに規制基準の遵守を義務付けている。

廃棄物処理法①

廃棄物処理法の全体像

一廃と産廃の二本立て

一般廃棄物の処理体系

「廃棄物の処理及び清掃に関する法律」（廃棄物処理法／廃掃法）は、複雑でわかりづらいという声をよく聞きます。まずは、法の全体構成をしっかり押さえておくことが理解への早道です。

図表のように、廃棄物は「一般廃棄物」（一廃）と「産業廃棄物」（産廃）に分類され、それぞれの処理責任が定められています。

一廃の処理責任は、市町村となります。市町村は、一般廃棄物処理計画を策定し、それに基づいて一廃を処理します。事業者は、市町村の指示に基づいて一廃を処理することになります。

また、市町村長は、一般廃棄物処理業者に対する許可権限を有しています。一般廃棄物処理業者は、処理基準の遵守等が義務付けられます。

一方、一般廃棄物処理施設の設置に関する許可権限は、都道府県知事・**廃棄物処理法政令市長**（都道府県等）が有しています。同施設には、維持管理基準の遵守などの規定があります。

産業廃棄物の処理体系

産廃の処理責任は、排出事業者になります。産廃を自ら処理しなければならず、産業廃棄物処理業者に処理を委託する場合であっても、処理責任から逃れることはできません。

また、産廃の適正処理に関しては、基本的には、都道府県等が指導を行うことになります。

排出事業者は、保管基準や委託基準、産廃管理票（マニフェスト）の交付等の義務などを遵守しなければなりません。都道府県等は、問題があれば、排出事業者への報告徴収や立入検査、改善命令、措置命令等ができます。

また、都道府県等は、産廃処理業者や産廃処理施設に関する許可権限を有しています。

このように、本法は、一廃については市町村の処理責任、産廃については排出事業者の処理責任と区分し、後者の所管行政を都道府県等にさせるという「すみ分け」をして、各種措置を定めています。

廃棄物処理法の全体像

分類	廃棄物　汚物又は不要物であって固形状又は液状のもの（放射性物質等を除く。）				
	一般廃棄物 産業廃棄物以外の廃棄物 （家庭から排出されるごみ等）		産業廃棄物 事業活動に伴って生じた廃棄物のうち、 燃え殻、汚泥、廃油、廃プラスチック類等		
主な規制	市町村	都道府県等	都道府県等		
	処理責任：市町村 ・一般廃棄物処理計画の策定 ・処理基準の遵守 ・委託基準の遵守				
	許可、改善命令、措置命令 → 一般廃棄物処理業者 ・処理基準の遵守	許可、立入検査 → 一般廃棄物処理施設設置者 ・維持管理基準の遵守 ・維持管理積立金の積立義務	改善命令、措置命令など → 処理責任：排出事業者 ・保管基準の遵守 ・委託基準の遵守 ・管理票の交付・保存義務	許可、改善命令、措置命令など → 産業廃棄物処理業者 ・処理基準の遵守 ・管理票の回付・送付義務	許可、定期検査など → 産業廃棄物処理施設設置者 ・維持管理基準の遵守 ・維持管理積立金の積立義務
	国の特例・認定制度 ●再生利用認定　●無害化認定　●広域認定　●熱回収認定　●優良認定				
	罰　則（例） ●不法投棄・不法焼却・無許可営業　5年以下の懲役or 1000万円以下の罰金又は併科				

「廃棄物処理法等の概要」（環境省）（https://www.env.go.jp/press/y0310-01/ref01.pdf）をもとに筆者作成

これも知っておきたい！

国の特例・認定制度

国の特例・認定制度として、再生利用認定制度、広域認定制度、無害化認定制度、熱回収施設設置者認定制度、優良認定制度がある。例えば、広域認定制度では、廃棄物の減量等に資する広域的処理を行う者として環境大臣から認定されると、地方自治体ごとの処理業の許可が不要となる。

廃棄物処理法政令市

本法二四条の二第一項では、都道府県知事の権限に属する事務の一部を政令市の長が行うことができる旨を定めている。具体的には、政令指定都市、中核市の長に、管轄内の産廃処理業の許可などを行う権限を認めている。

廃棄物処理法②

廃棄物とは？

条文上の「廃棄物」とは

廃棄物処理法の対象となる「廃棄物」とは何か。

例えば、不要となった油を産業廃棄物として処理委託するとします。その油が売れるようになれば廃棄物ではなくなるのかもしれませんが、「一t一円」でも廃棄物ではないと言えるのか。

あるいは「ゼロ円」でも廃棄物ではないと言えるのか。

考え始めると、この質問はなかなか難しいものだと気づきます。

実は、本法上の「廃棄物」の定義は次の通り、驚くほどシンプルです。

「この法律において『廃棄物』とは、ごみ、粗大ごみ、燃え殻、汚泥、ふん尿、廃油、廃酸、廃アルカリ、動物の死体その他の汚物又は不要物であつて、固形状又は液状のもの（放射性物質及びこれによつて汚染された物を除く。）をいう。」（二条一項）

これでは、上記の質問には答えることはできないでしょう。

行政処分指針通知

環境省の担当課が発出した通知「行政処分の指針について」（令和三年四月一四日環循規二一〇四一四一号）では、次の通り、「廃棄物」の該当性の解釈を示しています。「廃棄物とは、占有者が自ら利用し、又は他人に有償で譲渡することができないために不要となったもの」

そして、これらに該当するか否かは、その①物の性状、②排出の状況、③通常の取扱い形態、④取引価値の有無、⑤占有者の意思等を総合的に勘案して判断すべきものであることとしています。

この考え方は、いわゆる「総合判断説」と呼ばれるものです。個別の主な判断基準は、図表の通りです。

また、この通知には、「本来廃棄物たる物を有価物と称し、法の規制を免れようとする事案が後を絶たない…」などの記述も見られます。

事業者が「廃棄物」に該当するか否かに悩んだ場合は、この通知をもとに慎重に検討するとよいでしょう。不安な場合は地方自治体に相談することなどが求められます。

「廃棄物」の定義

●廃棄物処理法２条

「廃棄物」とは、ごみ、粗大ごみ、燃え殻、汚泥、ふん尿、廃油、廃酸、廃アルカリ、動物の死体その他の汚物又は不要物であって、固形状又は液状のもの（放射性物質及びこれによって汚染された物を除く。）をいう

●行政処分の指針について（通知）（令和３年４月14日環循規2104141号）

これに該当するか否かは、その①物の性状、②排出の状況、③通常の取扱い形態、④取引価値の有無及び⑤占有者の意思等を総合的に勘案して判断すべき

➡ **平成11年３月10日最高裁第二小法廷決定を踏まえる**

①物の性状：利用用途に要求される品質を満足し、かつ飛散、流出、悪臭の発生等の生活環境の保全上の支障が発生するおそれのないものであること。
②排出の状況：排出が需要に沿った計画的なものであり、排出前や排出時に適切な保管や品質管理がなされていること。
③通常の取扱い形態：製品としての市場が形成されており、廃棄物として処理されている事例が通常は認められないこと。
④取引価値の有無：占有者と取引の相手方の間で有償譲渡がなされており、なおかつ客観的に見て当該取引に経済的合理性があること。
⑤占有者の意思：客観的要素からみて社会通念上合理的に認定し得る占有者の意思であること。

本法上の「廃棄物」の定義は簡単なものです。実務上は、環境省の通知を参照しながら対応することになります。

上記通知等をもとに筆者作成

これも知っておきたい！

不要な気体も「廃棄物」？

本法上の「廃棄物」の定義の中では、「固形状又は液状のもの」と定めている。そこで、気体は（本法上の）廃棄物ではないということがわかる。フロンを大気中に放出しても「廃棄物」ではなく、本法上の不法投棄にはならない（ただし、フロン排出抑制法により、みだりに放出することは禁止されている）。

有償譲渡の契約書の重み

有償譲渡の契約書を作成し、廃棄物ではないことを証明しようとする企業が見られる。しかし、本文の通知では、「当事者間の有償譲渡契約等の存在をもって直ちに有価物と判断することなく…」などの記述も見られる。

廃棄物

廃棄物処理法③

産業廃棄物と一般廃棄物

まず産廃かどうかを考える

産廃と一廃それぞれの定義

廃棄物処理法上の「廃棄物」は、産業廃棄物（産廃）と一般廃棄物（一廃）に分類されます。

産廃を大雑把に定義すると、図表のように、「事業活動に伴って生じた廃棄物で、法令で定める二〇種類」となります。つまり、産廃に該当するか否かという要件は、次の二つを満たしたものということになります（原則）。

①事業活動に伴って生じている
②法令で定める二〇種類に該当する

したがって、例えば、事業活動に伴って生じた廃棄物で、発生量が多いからといって、必ずしも産廃に該当するわけではありません。発生量は産廃に該当するか否かの要件にはなっていないのです。あくまでも種類が要件の一つとなっているにすぎません。

一方、一廃とは、「産廃以外のもの」と定義されています。

初めて環境担当となってまだ日の浅い方がよく誤解していることの一つに、「一廃＝家庭ごみ」ととらえてしまうことがあります。

確かに、家庭ごみは一廃ですが、一廃が家庭ごみのみを指すのではなく、あくまでも「産廃以外のもの」なので、結果として一廃に含まれてくるのです。事業活動に伴って生じた廃棄物でも、二〇種類に該当しなければ、一廃になります。ちなみに、こうした一廃は「事業系一般廃棄物」と呼ばれています。

実際の区分の仕方

産廃と一廃はこのような定義となっているので、廃棄物が発生する場合、担当者はまず、「これは産廃かどうか」を確認することが求められます。産廃に該当すれば、産廃処理業者に適正に処理を委託するなど、排出事業者責任を果たさなければなりません。

一方、産廃に該当しなければ、一廃になるので、市町村の処理ルールに基づいて処理します。

なお、産廃に該当する場合でも、市町村が認めれば、一廃の処理ルートで処理する特例もあります。これを「あわせ産廃」制度と言います。

産業廃棄物と一般廃棄物の分類

廃棄物

ごみ、粗大ごみ、燃え殻、汚泥、ふん尿、廃油、廃酸、廃アルカリ、動物の死体その他の汚物又は不要物（固形状・液状のもので気体を除く）

産業廃棄物

事業活動に伴って生じた廃棄物で、法令で定める20種類

事業者自らに処理責任があります。

事業者自らで基準に則って処理するか、許可業者に委託する方法があります。

特別管理産業廃棄物

産業廃棄物のうち、爆発性、毒性、感染性のあるもの

一般廃棄物

産業廃棄物以外のもの

主に、家庭から出た「ごみ」や、オフィスから出る紙くずなどです。

市町村の事務として処理しています。

※一部の市町村では、産業廃棄物（特別管理産業廃棄物）を自治体施設で受け入れて処理しているところもあります（排出場所の市町村にご確認ください）。

特別管理一般廃棄物

一般廃棄物のうち、爆発性、毒性、感染性のあるもの

廃棄物が発生したら、「それは産業廃棄物か」と考え、該当すれば産廃、該当しなければ一廃と考えましょう。

出典：「産業廃棄物を排出する事業者の方に」（環境省、産業廃棄物処理事業振興財団）(https://www.sanpainet.or.jp/service/doc/haisyutsu-pamphlet2.pdf)

これも知っておきたい！

特別管理廃棄物

産廃と一廃には、それぞれ、「特別管理産業廃棄物」と「特別管理一般廃棄物」があり、厳しく規制されている。

このうち、特別管理産業廃棄物（特管産廃）とは、主に、揮発油・灯油・軽油等の廃油、著しい腐食性を有するpH二・〇以下の廃酸やpH一二・五以上の廃アルカリ、医療機関等から排出される感染性産業廃棄物、廃石綿等（飛散性アスベスト廃棄物）や廃PCB、廃水銀等などを指す。

これを排出する場合、特別管理産業廃棄物管理責任者の設置が必要だ。保管には、種類などの表示や、仕切りなど他の物との混合防止、種類別に腐食防止などの措置が義務付けられる。処理委託先は、通常の産廃処理業者ではなく、特管産廃処理業者となる。

廃棄物処理法④

産業廃棄物の種類

業種指定の産廃に注意

二〇種類の産業廃棄物

産業廃棄物（産廃）は、①事業活動に伴って生じている、②二〇種類に該当する――の二つの要件を満たす廃棄物となります（原則）。

二〇種類とは、図表の通りです。No.1～12は、どの業種にも該当するものです。

例えば、製品を梱包する袋がプラスチック製であれば、No.6の「廃プラスチック類」に該当するので、産廃となります。

このNo.1～12には、汚泥、廃油、廃酸、廃アルカリ、金属くずなど、様々な業種、様々な規模の企業から発生する廃棄物も含まれています。

これらはすべて産廃となります。

業種指定の産廃も

一方、No.13～19の産廃には要注意です。

ここで掲げられている種類の廃棄物は、事業活動に伴って発生したとしても、すべてが産廃に該当するわけではありません。業種等に応じて、産廃になることもあれば、一般廃棄物（一廃）になることもあります。

例えば、No.13の紙くずの場合、建設業で発生した紙くずのうち、工作物の新築・改築・除去に伴うものは、産廃となります。しかし、図表に掲げられていない業種等から発生すれば、一廃となります。建設業から発生した紙くずでも、工作物の新築・改築・除去に伴うものでない本社オフィスなどで発生する紙くずは一廃となります。

このように、No.13～19の産廃については、見た目で区別がつくものではなく、業種などの状況に応じて、産廃になったり、一廃になったりするものです。

産業廃棄物処理業者は、こうした産廃の種類ごとに許可を受けているので、産廃の処理を委託する際には、種類に応じて処理業者を選ぶ必要があります。

廃棄物によっては、金属くずと廃プラスチック類が一体化したようなものもあるでしょう。そうした場合は、それら二つの許可を受けた処理業者に処理を委託する必要があります。

産業廃棄物の種類

区分	番号	種類	内容
すべての業種に共通	1	燃え殻	
すべての業種に共通	2	汚泥	
すべての業種に共通	3	廃油	
すべての業種に共通	4	廃酸	
すべての業種に共通	5	廃アルカリ	
すべての業種に共通	6	廃プラスチック類	
すべての業種に共通	7	ゴムくず	
すべての業種に共通	8	金属くず	
すべての業種に共通	9	ガラスくず、コンクリートくず及び陶磁器くず	
すべての業種に共通	10	鉱さい	
すべての業種に共通	11	がれき類	
すべての業種に共通	12	ばいじん	
特定の業種等によるもの	13	紙くず	建設業（工作物の新築・改築・除去に伴うもの）で発生した紙くず、パルプ・紙製造業、印刷業、製本業等で発生した紙くず
特定の業種等によるもの	14	木くず	建設業（工作物の新築・改築・除去に伴うもの）で発生した木くず、木材・木製品、パルプ製造業、輸入木材卸売業等で発生した木くず、廃パレット（全業種）
特定の業種等によるもの	15	繊維くず	建設業（工作物の新築、改築・除去に伴うもの）、繊維工業（衣服その他の繊維製品製造業を除く）で発生した天然繊維くず
特定の業種等によるもの	16	動植物性残さ	食料品製造業、医薬品製造業、香料製造業で原料として使用した動植物に係る固形状の不要物
特定の業種等によるもの	17	動物系固形不要物	と畜場でとさつ又は解体した獣畜及び食鳥処理場で処理した食鳥に係る固形状の不要物
特定の業種等によるもの	18	動物のふん尿	畜産農業の動物のふん尿
特定の業種等によるもの	19	動物の死体	畜産農業の動物の死体
	20	政令第 13 号廃棄物	1～19 の産業廃棄物を処理したもので、1～19 に該当しないもの

産廃には、あらゆる事業活動に伴うものと特定の事業活動に伴うものがあります。

「産業廃棄物の適正処理について」（九都県市廃棄物問題検討委員会）（https://www.re-square.jp/jigyou/tekisei/）をもとに筆者作成

これも知っておきたい!

木製パレット

業種等の指定が行われている産業廃棄物の一つである「木くず」には「木製パレット」がある。この木製パレットには業種の指定はない。事業活動に伴って木製パレットを廃棄する際には、産廃として処理を委託しなければならない。

廃棄物処理法⑤

排出事業者責任とは？

三つの注意点を押さえる

産廃処理の大原則

廃棄物処理法一一条一項では、「事業者は、その産業廃棄物（産廃）を自ら処理しなければならない」と定めています。これが、排出事業者責任の大原則を定めた条文です。

「処理」とは、保管や収集運搬、中間処理、最終処分や再生までを含む広い概念ですから、最後まで自らの責任で処理することを求めていることになります。

実際には、排出事業者自らが、最終処分はもちろん、収集運搬や中間処理までを行うことはほとんどないでしょう。その多くは、産業廃棄物処理業者に処理を委託しているはずです。

しかし、この原則がある以上、処理を委託している場合でも、その責任はあくまでも排出事業者にあることになります。「産廃を産廃処理業者に渡したらオシマイ」ではないのです。

発生時、委託前、委託時の注意点

排出事業者が産廃処理業者に処理を委託する場合、本法では様々な規制措置を定めていますが、その注意点をわかりやすく言えば、図表の通り、「三つの場面で注意すべき」と言えます。

一つ目は、「発生時の注意」です。まず、産廃が発生したとき、処理業者が収集に来るまで事業所に保管することになります。このとき、本法の保管基準が適用されます。

また、自社のトラック等で運搬する場合は、車体への表示などの自社運搬の処理基準が適用されます。

二つ目は、「委託前の注意」です。収集運搬と処分について、それぞれ許可のある処理業者と事前に契約書を取り交わすなどの委託基準の遵守などが義務付けられています。

三つ目は、「委託時の注意」です。具体的には、産業廃棄物管理票（マニフェスト）を産廃とともに移動させ、適正処理が行われたことをマニフェストでチェックするというものです。

こうした三つの点に注意しながら、自社の管理手順を確認するとよいでしょう。

排出事業者責任、3つの注意点

●**産業廃棄物の大原則**

「事業者は、その産業廃棄物を自ら処理しなければならない」（11条1項）
⇒ 処理を委託する場合でも、**その責任はあくまでも排出事業者**！

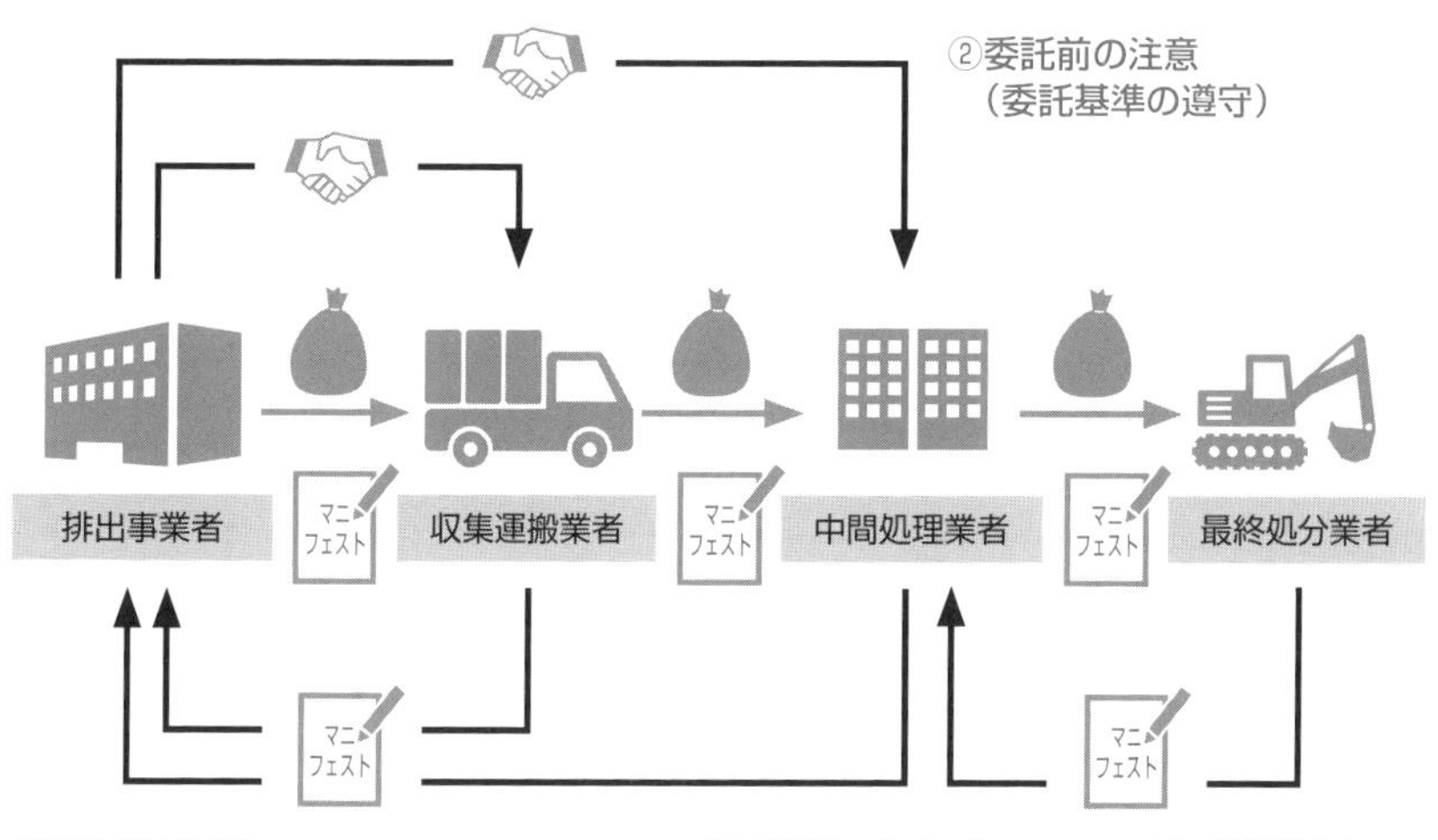

産廃を処理委託するとき、❶発生時、❷委託前、❸委託時の3つの場面で注意が必要です。

これも知っておきたい！

一廃にも排出事業者責任？

廃棄物処理法には「事業者は、その事業活動に伴って生じた廃棄物を自らの責任において適正に処理しなければならない」という条文もある（三条一項）。ここでは特に産廃に限定していないので、一般廃棄物（一廃）にも排出事業者としての責任があることになる。

ただし、一廃については、市町村が自らの責任において処理計画を定めて処理している。事業者は、実際には、市町村が示したルールに基づいて対応することが求められる。

廃棄物処理法⑥ 保管基準のポイント

保管場にも法適用の緊張感を

産廃保管基準とは

廃棄物処理法一二条二項では、排出事業者に対して、その産業廃棄物（産廃）が運搬されるまでの間、環境省令で定める技術上の基準に従い、生活環境の保全上支障のないように保管することを義務付けています。

この基準が「産業廃棄物保管基準」のことであり、具体的には本法施行規則八条で次のように定めています。

まず、保管場所の周囲に囲いを設けます。また、見やすい箇所に、図表のように、六〇cm四方以上の掲示板を設けます。掲示板には、保管する産廃の種類や管理者の氏名・連絡先など所定事項を記載しなければなりません。

屋外で容器を用いずに産廃を保管する場合は、高さや積み上げ方の制限などもあります。

保管の場所から産廃が飛散し、流出し、及び地下に浸透し、並びに悪臭が発散しないように、汚水発生のおそれがあれば排水溝等の整備など、必要な措置を講ずることも求められます。さらに、保管の場所には、ねずみ、蚊、はえ、その他の害虫が発生しないようにします。

事業所の産廃保管場を訪問すると、囲いの外に大量の産廃が保管されているなど、基準に逸脱する事業者が少なくありません。

特別な基準に注意

また、石綿（アスベスト）や水銀の廃棄物のうち、産廃となる「石綿含有産業廃棄物」や蛍光灯などの「水銀使用製品産業廃棄物」（一四二頁参照）などにも、通常の産廃保管基準に加えて、特別な基準が設定されています。

前述の掲示板には、石綿含有産廃又は水銀使用製品産廃などの名称を掲げ、仕切りを設けることなども義務付けられています。

また、特別管理産業廃棄物（特管産廃）を保管する場合、特管産廃保管基準が適用されます。

その保管には、特管産廃の種類などの表示や、仕切りなど他の物との混合防止、種類別に腐食防止や揮発防止、高温防止などの措置が義務付けられているので、注意が必要です。

産業廃棄物の保管基準

●産業廃棄物保管基準（本法12条2項）

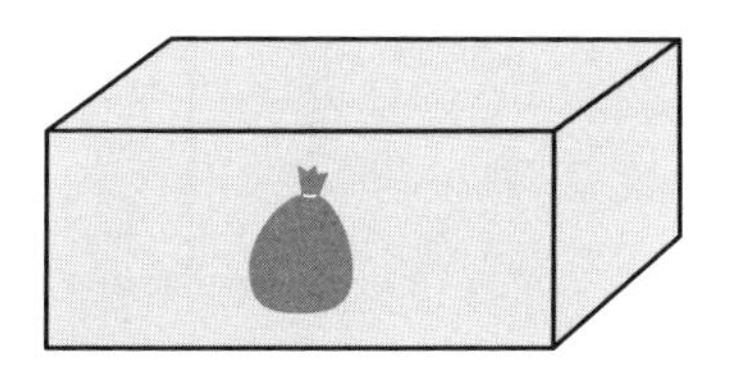

〈主な基準〉

◇周囲に囲いを設けること

◇所定事項が記載された掲示板を設けること（60㎝×60㎝以上）

◇産業廃棄物が飛散、流出、地下浸透しないようにすること

◇保管の高さを守ること（屋外で容器を使用しない場合）

◇ねずみ、蚊、はえ等を発生させないこと

60cm以上

産業廃棄物保管場所	
廃棄物の種類	金属くず 廃プラスチック類
管理者の氏名又は名称及び連絡先	○○工業（株） 担当：○○太郎 ○○市××1-2 TEL：045-123-××××
最大保管高さ	1.5m

60cm以上

保管場所にも細かな法規制があります。緊張感を持って対応することが求められます。

これも知っておきたい！

保管基準違反への措置

産業廃棄物保管基準に違反した場合、都道府県知事等から措置命令等が出されることがある。命令に違反した場合は、五年以下の懲役や一〇〇〇万円以下の罰金などの厳しい罰則規定もある。

保管場所の届出規定

平成二二年の法改正により、産業廃棄物の保管の届出規定ができた。これは、建設工事に伴い生ずる産廃について、発生場所の外の三〇〇㎡以上の場所で保管する場合に原則として適用される。

廃棄物

廃棄物処理法⑦

委託基準のポイント

契約書と許可証をきちんとチェック

処理を委託するときの義務

廃棄物処理法一二条五項では、排出事業者に対して、産業廃棄物（産廃）の運搬や処分を他人に委託する場合には、運搬については産業廃棄物収集運搬業者に、処分については産業廃棄物処分業者にそれぞれ委託することを義務付けています。

また同条六項では、産廃の運搬又は処分を委託する場合には、「政令で定める基準」に従うことも義務付けています。この基準が「委託基準」と呼ばれているものです。

この委託基準の主な規制事項をまとめると次の通りとなります。

委託基準のポイント

まず、許可を持つ産廃収集運搬業者、処分業者それぞれと書面により契約します。実務上は、収集運搬業者にすべて丸投げするような「三者契約」ではなく、それぞれと個別に契約する「二者契約」を求められています。また、処理委託する産廃を、その処理業者が処理できる許可を有しているかなどを許可証等によって確認します。

処理業者と取り交わす委託契約書には、法令で定める記載事項を含めなければなりません。この法定記載事項には、産廃の種類・数量、料金、運搬先、最終処分先などがあります。

委託契約書の法定記載事項が欠落した場合は、委託基準違反となります。この点で注意を要するのは、この罪は排出事業者のみに科せられるということです。処理業者から渡される雛型の契約書を鵜呑みにせずに、法定記載事項を確認することが必要なのです。

また、委託契約書には許可証の写し等を添付します。委託契約書に自動更新条項が入っている場合、添付した許可証の有効期限が切れることになるので、契約中の場合は、有効期限内の許可証を添付し続けることが必要です。

さらに、契約書は、契約終了後五年間保管しなければなりません。

図表は委託基準のチェックリストですので、自社の処理委託の実施状況が適切かどうかチェックしてみてください。

委託基準のチェックリスト

処理業者の選択は適切ですか？

□許可証（コピー）によって許可品目、有効期限、処理能力を確認した。

□収集運搬業者は、排出場所と処分先の両方の都道府県知事（政令市長）の許可を取得している。

□委託前に処理施設を現地確認し、管理状況等が適切であることを確認している。

□処理料金は適切である（地域の一般的な料金と比べて極端に安過ぎることはない）。

□処理委託後にも処理業者の処理施設を定期または必要に応じて訪問し、適切に処理されていることを確認している。

委託契約は適切ですか？

□収集運搬業者・処分業者のそれぞれと契約している。

□委託契約書にはそれぞれ処理業者の許可証のコピーが添付されている。

□記載事項は全て正確に記入されている（契約日、契約期間、廃棄物の種類・数量、金額、中間処理の場合は処理後の処分先等）。

□委託契約書は契約期間終了後５年保存している。

処理を委託する前、法に基づいて、処理業者を適切に選択し、かつ、所定事項が記載された契約書の締結などが求められます。

出典：「産業廃棄物を排出する事業者の方に」（環境省、産業廃棄物処理事業振興財団）
（https://www.sanpainet.or.jp/service/doc/haisyutsu-pamphlet2.pdf）

これも知っておきたい！

処理場の実地確認は義務!?

本法一二条七項は、注意義務規定といわれる。排出事業者に対して、産廃の運搬又は処分を委託する場合、その産廃の処理の状況に関する「確認」を行い、発生から最終処分が終了するまでの一連の処理の行程における処理が適正に行われるために必要な措置を講ずるように努めることを求めている。

平成二三年、環境省は通知により、この「確認」は処理施設等への実地確認等であることを示した。

しかし、令和五年三月、環境省は新たな通知により、一定の要件を定めているものの、実地確認でなくても、オンライン会議システム等を用いた「確認」も認めた。しかも、複数の排出事業者が共同して確認することも認めている。事実上、規制を緩和したと言えるだろう。

廃棄物

廃棄物処理法⑧

マニフェストのポイント

電子マニフェストが普及中

マニフェストの流れ

廃棄物処理法一二条の三は、産業廃棄物管理票（マニフェスト）について定めています。ここでは、図表のように、一般的に利用されている七枚綴りの紙マニフェストに即して説明します。

排出事業者は、産業廃棄物（産廃）を処理委託する際に、法令で定める事項（法定記載事項）を記載したマニフェストを交付しなければなりません。

法定記載事項には、日付、交付者名、廃棄物の種類・量などがあり、記入漏れがないようにしなければなりません。また、交付した際、A票を保管しておきます。

一方、収集運搬業者は運搬終了日から一〇日以内にB2票を、処分業者は処分終了日から一〇日以内にD票を交付者に送付します。

最終処分が終了するとE票も戻ってきます。排出事業者はA・B2・D・E票のすべてがそろったことを確認し、最終処分場の場所が契約書に記載したものであることなど、契約書通り適正に処理が終了したことを確認します。

排出事業者責任が問われるとき

排出事業者は、**法令で定める期限**内にマニフェストの写しが返送されていることを確認し、契約書通り処理されているか確認します。期限内に写しが送付されないとき又は記載漏れ・虚偽の写しの送付を受けたときは、必要な措置を講じ、三〇日以内に都道府県知事等へ報告します。

また、産廃処理業者から処理困難通知を受けたときで、マニフェストの写しの送付を受けていないときも、必要な措置を講じ、三〇日以内に都道府県知事等へ報告します。

さらに、マニフェストは、五年間保管します。また、毎年六月末までに、都道府県知事等にマニフェスト交付状況報告書を提出します。

紙マニフェストに代わり、**電子マニフェスト**の仕組みもあります。法定記載事項の未記載や未返送のチェック漏れなどのミス防止が容易です。令和五年一一月、電子マニフェストは全体の八〇・一％に達しました。

マニフェストの仕組み

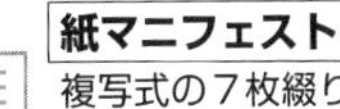

紙マニフェスト

複写式の7枚綴りが一般的です。マニフェストは、引き渡した産廃と一緒に移動します。排出事業者は、収集運搬、中間処理、最終処分が終わった通知として、それぞれB2、D、E票を受け取ります。

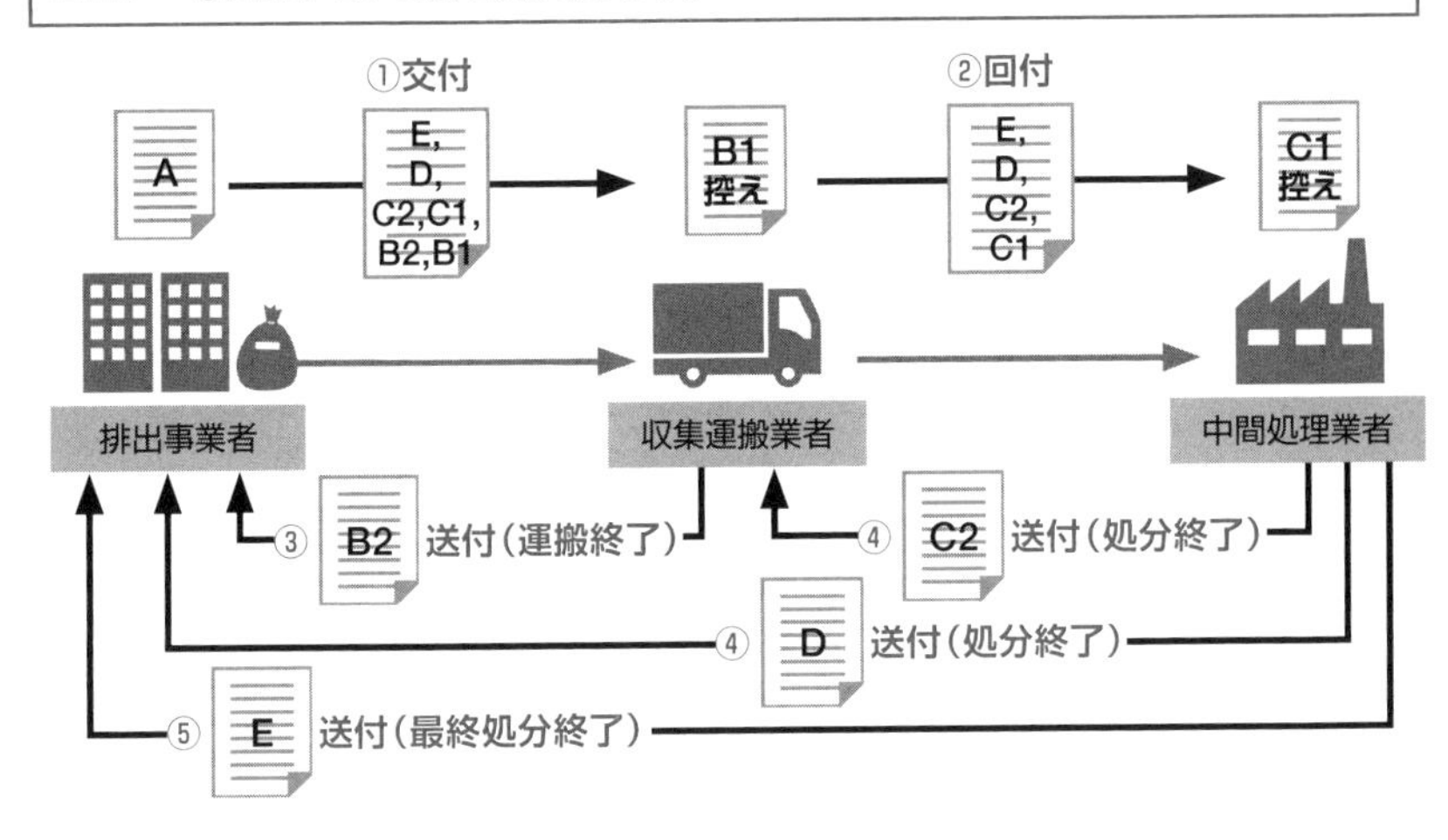

電子マニフェスト

紙ではなく、三者がインターネットにより上記のやりとりを行う仕組み。記載漏れやチェック漏れが少なく、法令遵守が容易となる。

これも知っておきたい！

法令で定める期限

①交付日から九〇日（特別管理産業廃棄物は六〇日）以内に運搬・処分受託者から写しの送付を受けないとき、②一八〇日以内に最終処分が終了した旨の写しの送付を受けないとき。

電子マニフェスト

紙ではなく、電子マニフェストの運用も可能である。写しの保存や報告書提出が不要など、紙よりも運用は容易。産廃の引渡し日、運搬終了日、処分終了日からそれぞれ三日以内に情報処理センターへ報告する。

平成二九年の法改正により、令和二年四月から年五〇t以上の特別管理産業廃棄物（PCBを除く）を排出する事業場で特管産廃（PCBを除く）の処理を委託する場合、電子マニフェストの使用が義務化された。

廃棄物処理法⑨
自社運搬規制など

自社の廃棄物の流れをよく見る

本規制では、図表のように、運搬車の車体の両側面に産廃収集運搬車であることを表示し、かつ所定の書面を備え付けなければなりません。しかし、この規制はあまり知られていないようであり、気づかぬ間に本法に違反しているケースが見られます。

その他の規制

前ページまで主に排出事業者に対する規制のポイントを取り上げてきましたが、廃棄物処理法はそれ以外にも様々な規制があります。ここでは、最低限知っておくべきその他のポイントをまとめておきます。

①産廃処理基準

事業者は、自らその産業廃棄物（産廃）の運搬又は処分を行う場合には、産業廃棄物処理基準に従うことが義務付けられています。

排出事業者が自らの産廃を運搬している場合も、この産廃処理基準が適用されるので気をつけるべきです。

②多量排出事業者

前年度の産廃発生量が一〇〇〇t以上（特別管理産業廃棄物の場合は五〇t以上）の事業場を設置している事業者は、減量計画を作成し、実施状況を都道府県知事等へ報告しなければなりません。

③建設廃棄物の排出事業者

建設工事に伴い生ずる廃棄物処理の原則があります。

建設工事に伴い生ずる産廃の排出事業者は、元請業者とされています（原則）。

④不法投棄等の禁止

不法投棄や不法焼却は禁止されています。違反した場合は次の通り重い罰則が適用されます。未遂の場合も罰則があります。

⑤罰則

無許可営業、不法投棄、不法焼却などの場合は、五年以下の懲役、一〇〇〇万円以下の罰金、又はこの併科となります。委託基準違反、改善命令違反などの場合は、三年以下の懲役、三〇〇万円以下の罰金、又はこの併科となります。

廃棄物処理法には、このように、様々な規制があり、また重い罰則もあるので、廃棄物の処理には十分な注意が必要です。

自らの産業廃棄物を運搬する場合の規制の例

●運搬車は、車体の両側面に産業廃棄物収集運搬車であることを表示し、定められた書面を備えつけなければなりません。

車両の両側面に産業廃棄物収集運搬車両であること、排出事業者名を定められた方法で表示する

（みほん）

5cm以上
産業廃棄物収集運搬車
〇〇株式会社
3cm以上

表示の注意点
・見やすいこと
・鮮明であること
・両側面に表示すること
・識別しやすい色の文字であること

運転中、次の事項を記載した書類を常時携帯する

（みほん）

■氏名又は名称及び住所
〇〇株式会社
〇〇県〇〇市〇〇町〇〇番
■産業廃棄物の種類・総量
廃〇〇〇〇〇ー〇〇トン
■積載日
〇年〇月〇日
■積載した事業場
〇〇〇〇工場
〇〇県〇〇市〇〇町〇〇番
TEL〇〇-〇〇〇〇-〇〇〇〇
■運搬先の事業場
〇〇〇〇リサイクルセンター
〇〇県〇〇市〇〇町〇〇番
TEL〇〇-〇〇〇〇-〇〇〇〇

自社のトラック等で自らの産廃を運搬する場合も、本法の規制があります。

出典：「産業廃棄物収集運搬車への表示・書面備え付け義務」（環境省）（https://www.env.go.jp/recycle/waste/pamph/）

これも知っておきたい！

処理業、処理施設への規制

本法は、当然のことながら、廃棄物処理業に対して広範囲な規制も講じている。

廃棄物処理業を行う場合は、都道府県知事等の許可を得て処理基準を遵守する。また、委託を受けている産廃の適正処理が困難となり、又は困難となる事由が生じたときは、遅滞なく、委託した者に書面により通知する（処理困難通知）。さらに、産廃処理施設を設置する場合、都道府県知事等の許可を受ける。

廃棄物

廃棄物条例

条例規制の全体像

独自規制の多い分野

一廃から産廃まで様々

都道府県、市町村問わず、廃棄物に関する条例規制には様々なものがあるので、注意が必要です。

廃棄物処理法上、一般廃棄物（一廃）の処理については市町村が行い、産業廃棄物（産廃）の排出事業者への指導や産廃処理業・処理施設への許可については都道府県が行っています。そのため、基本的には、都道府県、市町村それぞれが担当分野に関する独自規制を条例で定めていると言えるでしょう。

ただし、本法の産廃分野について政令指定都市や中核市などは、都道府県と同様の権限を持っているので、これらの市では産廃の規制も定める場合があります。

条例の名称は様々です。都道府県は、生活環境保全条例の中で産廃規制を行う場合もあれば、産廃処理の条例を別に作る場合もあります。市町村の場合は、廃棄物単独の条例を制定する場合がほとんどです。

条例の具体例は、図表の通りです。

市町村の条例では、事業系一般廃棄物を多量に排出する事業者等に減量計画の提出を義務付けるケースがよく見られます。

都道府県等の条例は、様々な規制があります。例えば、産廃の処理を委託する排出事業者に、産廃管理者を選任させたり、条例が定める「多量排出事業者（年五〇〇t以上など）に管理計画を提出させたりする条例などがあります。

実地確認義務付けも

そうした中で最も注意すべき規制は、「実地確認義務」の規定がある場合です。

これは、排出事業者に対して、処理委託前に一回と処理後に毎年一回以上、処理委託先の中間処理場等を訪問し、適正処理が図られているかを実地確認することなどを義務付けるというものです。

現在、東海地方（愛知県、岐阜県、静岡県、三重県など）や北海道・東北地方（北海道、岩手県、宮城県、福島県など）の条例を中心にこうした規制があります（実地確認の頻度や程度は条例によって異なります）。

廃棄物条例の規制の例

事業系一般廃棄物	□多量に排出する事業者などは廃棄物減量計画を提出 □廃棄物の保管基準
産廃を委託処理する排出事業者	□排出事業者は産業廃棄物管理者を選任 □排出事業者は廃棄物処理の委託状況を実地調査で確認 □多量排出事業者は管理計画を提出（法よりも対象者を上乗せ）
報告・公表	□大規模な排出事業者や処理業者などに報告義務、公表
保　管	□排出場以外での保管の届出、保管基準の遵守
マニフェスト	□廃棄物を自社で処理する事業者はマニフェストを交付
収集運搬	□自社処分場への搬入時間制限、車両ステッカー表示
産廃処理施設	□立地に際しての規制
小規模施設	□本法の対象外の小規模な産廃処理施設などの届出
域外廃棄物	□域外などから廃棄物を搬入する場合は事前協議
産　廃　税	□域内で処理する場合に課税

一般廃棄物から産業廃棄物まで、様々な規制が定められています。

これも知っておきたい！

排出場所以外での保管規制

廃棄物処理法では、建設工事に伴って発生した廃棄物を排出場所以外の一定面積の場所で保管する場合、届出を義務付けている。条例では、建設廃棄物以外の廃棄物についても、排出場所以外での保管を義務付けている場合がある。

域外廃棄物の事前協議

県外から産廃を搬入して処理委託しようとする排出事業者に対して、事前協議を求める都道府県の条例や要綱も少なくない。

廃棄物

PCB廃棄物特措法 使用・保管事業者への規制

続々と処分期限が到来！

期限までの処分義務

「ポリ塩化ビフェニル廃棄物の適正な処理の推進に関する特別措置法」（PCB廃棄物特措法）は、PCBが難分解性の性状であり、健康被害等を生ずるおそれがあるため、PCB廃棄物の保管や処分等について規制措置を講じています。

PCB廃棄物を保管する事業者は、毎年、保管・処分状況を都道府県等へ届け出なければなりません。また、定められた処分期間内に処分することも義務付けられています。

さらに、PCB廃棄物の譲渡しや譲受けは制限されており、承継する場合は届出義務があります。

平成二八年、本法が改正され、高濃度PCB廃棄物の規制が強化されました。高濃度PCB廃棄物の代表的な電気機器等には、変圧器（トランス）やコンデンサー、安定器があります。

具体的には、高濃度PCB廃棄物の処分期限を図表の通り定めました。なお、すべての区域において処分期限が到来しています。

また、PCB使用製品の所有事業者にも、処分期間内に廃棄などを義務付けています。処分の委託先は、**JESCO**となります。

一般に、昭和五二年三月より以前に建てられた工場やビルには、PCBが使用されている変圧器やコンデンサー、安定器がある可能性があるとされています。

処分期限を過ぎた事業者は、改善命令の対象になります。

このようにPCBの処分期限内の処理委託が必要です。不明な点が出た場合は、JESCO又は都道府県等に照会するとよいでしょう。

低濃度PCBも期限あり

一方、低濃度PCB廃棄物もあります。その代表的なものは、柱上トランスやOFケーブル等の微量PCB汚染廃電気機器等や、橋梁等の塗膜、感圧複写紙、汚泥などです。

処分期限は、全国一律で令和九年三月三一日となります。

処理先は、環境大臣が認定する無害化処理認定施設や、都道府県知事等が許可する施設となります。

PCB廃棄物の処分期限

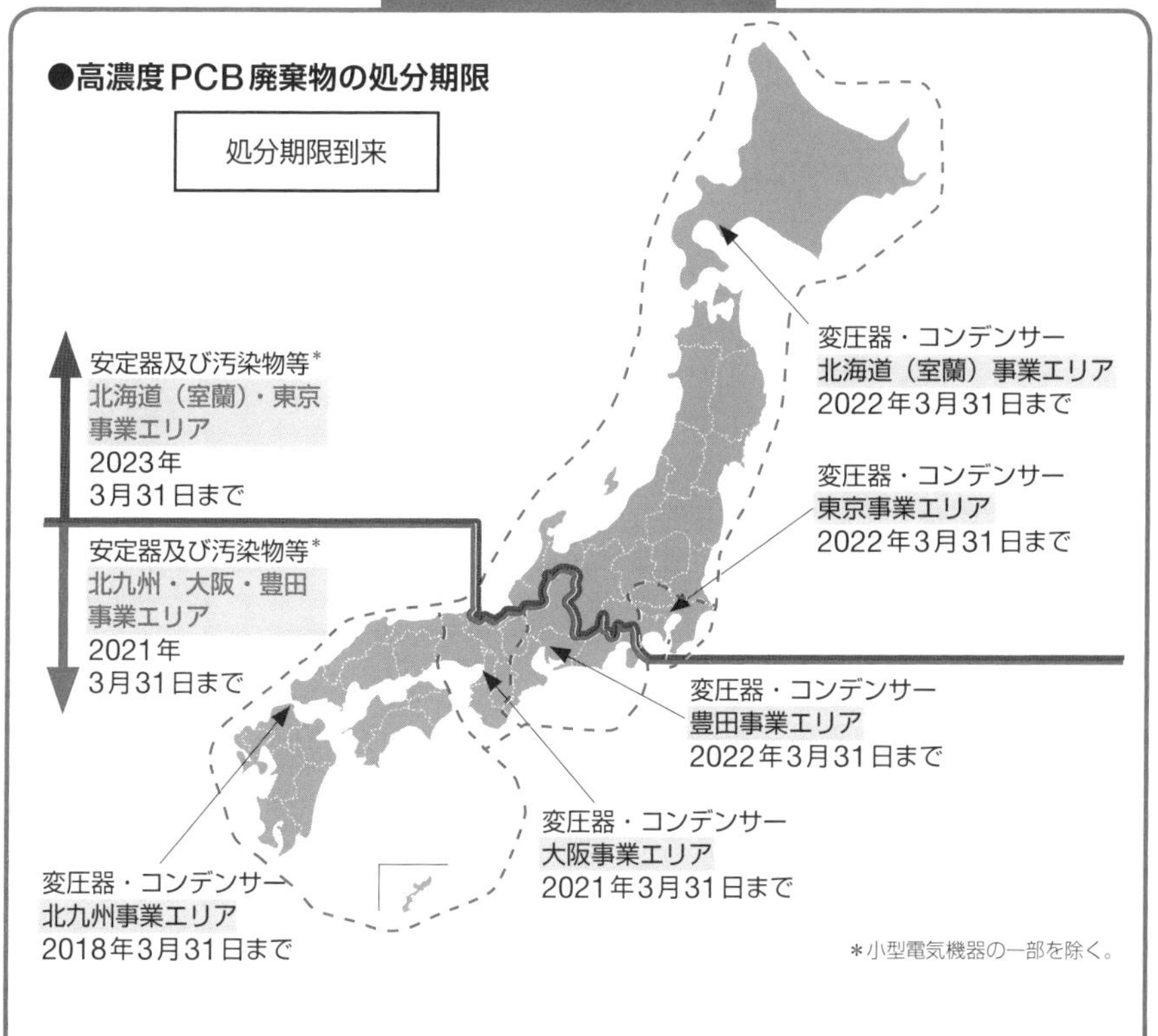

●低濃度PCB廃棄物の処分期限

2027年3月31日まで

「期限が迫る高濃度PCB廃棄物処理」（環境省）（http://pcb-soukishori.env.go.jp/）をもとに筆者作成

これも知っておきたい！

廃棄物処理法との関係

ＰＣＢ廃棄物の処理は、本法のほかに、廃棄物処理法の適用も受ける。廃棄物処理法上、ＰＣＢ廃棄物は特別管理産業廃棄物であり、事業者は、特別管理産業廃棄物管理責任者を選任し、特別管理産業廃棄物としての処理委託をしなければならない。

ＪＥＳＣＯ（ジェスコ）

正式名称は「中間貯蔵・環境安全事業株式会社」。国の監督の下、ＰＣＢ廃棄物の処理を行うために設立。全国５カ所に処理場を設置・運用する。

循環型社会形成推進基本法
3R対策の全体像

物品ごとにリサイクル法あり

3R対策の基本法

循環型社会形成推進基本法は、**「循環型社会」**の形成推進に関する基本的な枠組みを定めた法律です。

「3R」対策の基本法とも言えるでしょう。3Rとは、Reduce（発生抑制）、Reuse（再使用）、Recycle（再生利用）のことです。

本法は、処理の優先順位について、①発生抑制、②再使用、③再生利用、④熱回収、⑤適正処分と定めています。

また、本法では、各主体の責務・役割分担、国の計画・施策を明示しています。

事業者への義務を含めて、本法は、個別具体的な規制は定めてはいません。

ただし、循環型社会形成に向けた事業者の責務規定を定めています（一一条）。

事業者の責務の例としては、次のようなものがあります。

・原材料等が廃棄物等となることの抑制
・原材料等が循環資源となった場合、適正な循環的な利用
・循環的な利用が行われない循環資源を自らの責任で適正処分
・製品・容器等の設計工夫、引取りなど
・国又は地方自治体実施の施策に協力

本法を頂点に各種法令を整備

図表の通り、本法を頂点に循環型社会に関する法令が整備されています。循環型社会の形成に向けては、大前提として廃棄物の適正処理が求められます。これは廃棄物処理法により対応します。

その上で、3Rの推進のため資源有効利用促進法があり、また物品ごとに各種のリサイクル法があります。物品ごとの各種リサイクル法の内容は様々です。

食品リサイクル法のように、リサイクルの目標値達成を促すとともに、リサイクルが円滑に進むように、一定の条件を満たした場合に廃棄物処理法の規制を外す規定を設ける例が見られます。

自社に関連する物品等のリサイクル法に対応することが必要です。

循環型社会に関する法令の構成

循環型社会形成推進基本法（基本的枠組み法）
（社会の物質循環の確保／天然資源の消費の抑制／環境負荷の低減）

○基本原則　○国、地方公共団体、事業者、国民の責務　○国の施策

循環型社会形成推進基本計画：国の他の計画の基本

〈廃棄物の適正処理〉　〈3Rの推進〉

（一般的な仕組みの確立）

廃棄物処理法
・廃棄物の排出抑制
・廃棄物の適正処理（リサイクルを含む）
・廃棄物処理基準の設定
等

資源有効利用促進法
・再生資源のリサイクル
・リサイクル容易な構造・材料等の工夫
・分別回収のための表示
・副産物の有効利用の促進

プラスチック資源循環法

（個別物品の特性に応じた規制）

容器包装リサイクル法	家電リサイクル法	食品リサイクル法	建設リサイクル法	自動車リサイクル法	小型家電リサイクル法
容器の製造・容器包装の利用業者による再商品化	廃家電を小売店等が排出者より引取り	食品の製造・加工・販売業者が食品廃棄物等を再生利用等	工事の受注者が建設廃材等の再資源化等	関係業者が使用済自動車の引取り、フロンの回収、解体	使用済小型電子機器等を認定事業者等が再資源化

グリーン購入法（国等が率先して再生品などの調達を推進）

循環型社会に関する法令は、循環型社会形成推進基本法を頂点に、廃棄物の処理と3Rの推進に分かれて個別の法律が整備されています。

『資源循環ハンドブック2020 法制度と3Rの動向』（経済産業省）（https://www.meti.go.jp/policy/recycle/main/data/pamphlet/pdf/handbook2020.pdf）をもとに筆者作成

＋これも知っておきたい！

循環型社会

本法二条一項により、次のように定義されている。「製品等が廃棄物等となることが抑制され、並びに製品等が循環資源となった場合においてはこれについて適正に循環的な利用が行われることが促進され、及び循環的な利用が行われない循環資源については適正な処分……が確保され、もって天然資源の消費を抑制し、環境への負荷ができる限り低減される社会」。

資源有効利用促進法

3R推進の仕組み整備

対象業種、対象要件をチェック

大量使用・大量廃棄から脱却へ

「資源の有効な利用の促進に関する法律」（資源有効利用促進法）は、資源が大量に使用されていることと、使用済物品等や副産物が大量に発生していること、その相当部分が廃棄されている状況を踏まえて制定されました。

使用済物品等や副産物の発生を抑制し、再生資源や再生部品の利用の促進に関する所要の措置を講じています。

対象業種等に3Rを求める

本法は、主に一〇業種・六九品目について、3R（リデュース・リユース・リサイクル）の取組みを求めています。

本法のスキームは図表の通りです。

主務大臣は判断基準に照らして事業者に指導・助言ができます。生産量や販売量が所定の規模以上の事業者に対する勧告や命令、命令違反への罰則の規定もあります。

対象業種や品目は、次の通りです。具体的には、政令により指定されています。

①**特定省資源業種**…副産物の発生抑制とリサイクルを行うべき業種（政令の要件に該当する特定省資源事業者については、計画提出義務もあります）。自動車、紙・パルプなど。

②**特定再利用業種**…原材料としての再利用を行うべき業種、部品等の再使用を行うべき業種。紙、塩ビ管、ガラス容器など。

③**指定省資源化製品**…省資源化・長寿命化の設計等を行うべき製品。家電、パソコンなど。

④**指定再利用促進製品**…リサイクルしやすい設計等を行うべき製品。家電、複写機など。

⑤**指定表示製品**…分別回収を容易にする識別表示を行うべき製品。ペットボトルなど。

⑥**指定再資源化製品**…事業者による回収・リサイクルを行うべき製品。パソコン、小型二次電池など。

⑦**指定副産物**…原料としての再利用を行うべき副産物（電気業・建設業のみ）。スラグ、石炭灰、土砂など。

資源有効利用促進法のスキーム

	廃棄物の発生抑制 〜リデュース（Reduce）政策の導入〜	部品等の再使用 〜リユース（Reuse）政策の導入〜	原材料としての再利用 〜リサイクル（Recycle）政策の強化〜
製品対策	・製品の省資源化・長寿命化設計等（自動車、パソコン、家具、ガス・石油機器、ぱちんこ台等）	・部品等の再使用が容易な設計等（自動車、パソコン、複写機、ぱちんこ台等）	・事業者による製品の分別回収とリサイクルの義務付け等（パソコン等）
副産物（＝産業廃棄物）対策	・生産工程の合理化等による副産物の発生抑制を計画的に推進		・副産物の原材料としての再利用を計画的に推進

製造、加工、販売、修理などの各段階において
①廃棄物の発生抑制、②部品等の再使用、③リサイクルによる総合的な取組みを実施

↓

資源の有効な利用

本法は、事業者に対して、3Rの取組みを求めています。

産業構造審議会資料（経済産業省）をもとに筆者作成

これも知っておきたい！

勧告等の対象要件

主務大臣による勧告や命令の対象要件は、業種や製品ごとに細かく設定されている。

例えば、指定省資源化製品における主務大臣の勧告対象の要件については、指定製品ごとに年間生産量が設定されている。自動車やパソコン、ぱちんこ遊技機、電子レンジなどの場合は、年間一万台以上となっている。

プラスチック資源循環法

設計、小売、排出を広く規制

廃プラ排出も注意

プラスチック問題と新法

近年、プラスチックの資源循環を求める声が国内外で高まっています。これは、海洋プラスチックごみ問題が深刻さを増すとともに、諸外国が廃プラスチックの輸入規制を強化したことなどによるものです。

令和三年六月、こうした動きを受けて、「プラスチックに係る資源循環の促進等に関する法律」（プラスチック資源循環法）が公布され、四年四月に施行されました。

本法は条文が六六条もある大きな法律であり、規定事項も広範囲に及びますが、事業者規制の観点から見ると、ポイントは三つになります。

一つ目は、環境配慮設計指針です。製造事業者等はこの指針に沿って環境配慮設計に努めることが求められます。指針には、プラスチックの使用削減、代替材活用などの事項が盛り込まれています。また、指針に適合した設計であることを認定する仕組みができました。

二つ目は、「ワンウェイプラスチック」の使用の合理化対策です。「ワンウェイ」とはいわば「使い捨て」のことであり、コンビニなどで無償で配られてきたストローやスプーンなどのことです。

小売・サービス事業者などに対して、判断基準に沿って取り組むことが求められます。この基準には、有償化やポイント還元などが盛り込まれます。一定量（年五t）以上提供した事業者の取組みが不十分な場合の勧告・公表・命令の措置があります。

廃プラ排出も規制

三つ目は、排出事業者の排出抑制・再資源化の促進の措置です。

廃プラスチック等（プラスチック使用製品産業廃棄物等）の排出事業者は、判断基準に沿って排出抑制や再資源化等に取り組みます（小規模な事業者を除く）。プラスチックを一定量（年二五〇t）以上排出する事業者の取組みが不十分な場合の勧告・公表・命令の措置があります。また、再資源化計画が認定されると、認定事業者の廃棄物処理法の業許可を不要とする制度もあります。

プラスチック資源循環法の個別の措置

設計・製造

【環境配慮設計指針】

- 製造事業者等が努めるべき**環境配慮設計に関する指針**を策定し、指針に適合した製品であることを**認定**する仕組みを設ける。
  - ・認定製品を**国が率先して調達**する（グリーン購入法上の配慮）とともに、リサイクル材の利用に当たっての**設備への支援**を行う。

販売・提供

【使用の合理化】

- ワンウェイプラスチックの提供事業者（小売・サービス事業者など）が取り組むべき**判断基準を策定**する。
  - ・主務大臣の**指導・助言**、ワンウェイプラスチックを多く提供する事業者への**勧告・公表・命令**を措置する。

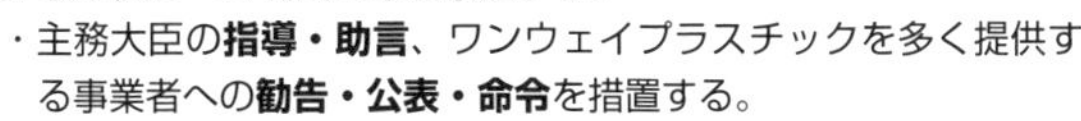

排出・回収・リサイクル

【市区町村の分別収集・再商品化】

- プラスチック資源の分別収集を促進するため、**容リ法ルートを活用した再商品化**を可能にする。

- 市区町村と再商品化事業者が**連携して行う再商品化計画**を作成する。
  - ・主務大臣が認定した場合に、市区町村による**選別、梱包等を省略**して再商品化事業者が実施することが可能に。

【製造・販売事業者等による自主回収】

- 製造・販売事業者等が製品等を**自主回収・再資源化する計画**を作成する。
  - ・主務大臣が認定した場合に、認定事業者は廃棄物処理法の**業許可が不要**に。

【排出事業者の排出抑制・再資源化】

- 排出事業者が排出抑制や再資源化等の取り組むべき**判断基準を策定**する。
  - ・主務大臣の**指導・助言**、プラスチックを多く排出する事業者への**勧告・公表・命令**を措置する。
- 排出事業者等が**再資源化計画**を作成する。
  - ・主務大臣が認定した場合に、認定事業者は廃棄物処理法の**業許可が不要**に。

プラスチックのライフサイクルを見据えて、設計から使用、廃棄まで広範囲に規制しています。

「プラスチックに係る資源循環の促進等に関する法律案」（環境省）（https://www.env.go.jp/press/files/jp/115768.pdf）をもとに筆者作成

＋これも知っておきたい！

他法に広がる対策

他法にもプラスチック対策が続々と増えている。

容器包装リサイクル法のレジ袋有料化義務化（一一三ページ）、令和三年改正の瀬戸内海環境保全特別措置法の漂流ごみ発生抑制の国等の責務などだ。

条例の対策

自治体にも動きがある。

栃木県は、プラスチック資源循環推進条例を令和二年に制定。事業者の責務規定があるほか、県の責務や基本指針策定などを定める。

京都府亀岡市は、二年にプラスチック製レジ袋提供禁止条例を制定した。有償無償を問わず、プラスチック製レジ袋の提供を禁止する。違反した場合、事業者名が公表されることもある。

容器包装リサイクル法

委託ルートのポイント

容器包装の利用確認

特定事業者の対象

「容器包装に係る分別収集及び再商品化の促進等に関する法律」（容器包装リサイクル法）は、容器包装廃棄物の再商品化（リサイクル）を促進するための措置などを定めています。

容器包装リサイクルが義務付けられる事業者は、製造・輸入や販売において特定の「容器」や「包装」を製造・利用する事業者です。これを「特定事業者」と言います。

対象となる容器・包装は様々です。ペットボトル、紙製容器包装、ガラス製容器などがあります。

ただし、小規模な事業者を適用除外とする規定があります。具体的には、従業員二〇人（商業・サービス業は五人）以下で、販売額が一定額に満たない場合は、特定事業者にならず、リサイクルの義務は負いません。

「委託で義務」が一般的

特定事業者が容器包装リサイクルの義務を果たすため、本法では、次の三つの方法を示しています。

①自主回収
②指定法人への委託
③認定を受けて行う再商品化（独自）

また、特定事業者は、**帳簿への記載義務**もあります。

以上①～③のうち、②の指定法人への委託によるリサイクルを実施する方法が一般的です。

指定法人への委託による方法で特定事業者が行うべき事項とは、指定法人へ委託料を支払うということです。指定法人がリサイクルを代行することにより、事業者の義務が履行されたとみなされるわけです。

指定法人には、公益財団法人日本容器包装リサイクル協会が指定されています。

本法の条文はあきれるほどに難解ですので、残念ながら条文を読みこなすことが難しい企業担当者が多いでしょう。

同協会のウェブサイトには、事業者が実際に本法に対応するための様々な資料が掲載されています。実務的には、これらを活用しながら対応することが無難です。

容器包装リサイクル法の対象となる「特定事業者」

一部でも関わっている事業は？

容器・包装を利用する中身製造事業者	容器の製造事業者	小売・卸売事業者	輸入事業者	学校法人、宗教法人、テイクアウトができる飲食店など

●食品、清涼飲料、酒類、石けん、塗料、医薬品、化粧品などの製造事業者	●ガラスびん、PETボトル、紙箱、袋などの製造事業者	●商品を販売する際に容器や包装を利用する事業者	●容器の輸入、容器や包装が付いた商品の輸入、輸入後に容器や包装を付ける場合など	

▼はい

事業規模は？

製造業等	売上高 2億4,000万円超 または 従業員 21人以上
商業、サービス業	売上高 7,000万円超 または 従業員 6人以上

▼はい

容器包装の素材は？　ガラスびん　PETボトル　紙　プラスチック

［リサイクル（再商品化）の義務］を負う可能性があります

本法の対象事業者には、商品を販売する際に容器包装を利用する事業者も入っており、規制対象は広範囲に及びます。

出典：リーフレット「あなたの役割果たしていますか？」（公益財団法人日本容器包装リサイクル協会）
(http://www.jcpra.or.jp/Portals/0/resource/association/pamph/images/chirashi.pdf)

これも知っておきたい！

容器包装多量利用事業者

主に容器包装の使用量が年間五〇t以上の小売業者を指す。毎年、排出抑制の取組状況を主務大臣に報告しなければならない。

帳簿への記載義務

特定事業者は、帳簿を備え、販売商品に用いた容器包装の量などを記載することが義務付けられている。閉鎖後は五年間保存する。

レジ袋有料化義務化

令和二年から本法関連省令の改正によりレジ袋有料化が義務化された。消費者が購入した商品を持ち運ぶため用いる、持ち手のついたプラスチック製買物袋を扱う小売業を営む事業者が規制対象だ（スーパーやコンビニなど）。

建設リサイクル法
対象工事を見極める

発注者の義務もある

対象建設工事

「建設工事に係る資材の再資源化等に関する法律」（建設リサイクル法）は、特定の建設資材について、その分別解体等やリサイクルを促進するための措置を講ずるとともに、解体工事業者の登録制度を整備したものです。

リサイクルの対象となる建設工事は、「特定建設資材」を用いた建築物等の解体工事、特定建設資材を使用する新築工事等で、一定規模以上の建設工事を指します。

「特定建設資材」とは、コンクリート、コンクリート及び鉄から成る建設資材、木材、アスファルト・コンクリートのことです。

また、**一定規模以上の工事**の例としては、建築物解体工事の場合、床面積八〇㎡以上などが挙げられます。

対象者の義務事項

本法の対象となる工事の発注者又は自主施工者は、工事七日前までに都道府県知事等に届け出なければなりません。

ここで注意すべきは、届出義務者は受注者（元請業者）ではないということです。つまり、建設工事が発生する場合、その発注者は本法の適用を受けないかどうかを確認する必要があります。

工事の元請業者は、発注者へ対象建設工事の届出事項について書面で報告する義務があります。

また、工事の受注者は、分別解体等で生じた特定建設資材廃棄物を再資源化しなければなりません。もっとも、再資源化施設まで一定の距離がある場合は、縮減で足りるという規定もあります。

さらに、元請業者は、再資源化等が完了したときは、発注者に書面で報告しなければなりません。また、実施状況の記録を作成・保存しなければなりません。

なお、本法では、このほかに、解体工事業者の登録制度を定めています。また、技術管理者による解体工事の監督に関する規定もあり、建設リサイクルを適正に行えるような制度を整備しています。

建設リサイクル法の仕組み

①対象建設工事（一定規模以上の解体工事及び新築工事）の発注者が、都道府県に分別解体計画等を届出

請負契約の際に、解体工事費用等を書面に記載

計画が一定の基準に合致しないときは変更命令

④元請業者から発注者への再資源化の完了の報告

都道府県知事

助言・勧告、命令

助言・勧告、命令

②受注者が分別解体等を実施

（基準に従い、廃棄物を分別しつつ解体工事等を実施）

木材
コンクリート
アスファルト・コンクリート

③受注者が再資源化を実施
（処理業者への委託も可）
・建設発生木材→木質ボード、木材チップ等
（再資源化が困難な場合は焼却による縮減）
・コンクリート塊→路盤材、骨材等
・アスファルト・コンクリート塊
→再生加熱アスファルト混合物、路盤材等

その他の廃棄物

解体工事業者の登録制度

処分
〈再生、焼却、埋立処分など〉

工事の発注者にも届出などの義務があるので注意が必要です。

「建設リサイクル法の概要」（環境省）（https://www.env.go.jp/recycle/build/gaiyo.html）をもとに筆者作成

これも知っておきたい！

一定規模以上の工事

工事の種類によって次の通り定められている。

①建築物解体工事…床面積八〇㎡以上
②建築物新築・増築工事…床面積　五〇〇㎡以上
③建築物修繕・模様替え（リフォーム等）…工事金額一億円（税込価格）以上
④その他工作物に関する工事（土木工事等）…工事金額五〇〇万円（税込価格）以上

食品リサイクル法
判断基準と特例制度

取組みの目安を示す

食品関連事業者への規制

「食品循環資源の再生利用等の促進に関する法律」（食品リサイクル法）は、図表のように、「食品関連事業者」による**食品循環資源**の再生利用を促進するための措置を定めています。

食品関連事業者とは、①食品の製造、加工、卸売又は小売業者、②飲食店業、結婚式場業、旅館業などの事業者のことです。

本法の基本方針に基づき、令和六年度までに食品製造業は再生利用等実施率九五%を達成するなど、業種別に目標が設定されています。

また、食品関連事業者は、主務大臣が定める「判断基準」（平成一三年財・厚・農・経・国・環省令四号）などに基づき、食品リサイクルに取り組むことが求められます。例えば、肉加工品製造業には、令和五年度までに、売上高一〇〇万円当たり食品廃棄物の発生抑制の目標値を一一三kg以下となるよう求めています。

食品廃棄物等を前年度一〇〇t以上発生させる「多量発生事業者」は、毎年度、食品廃棄物等の発生量や再生利用等の取組状況を主務大臣に報告しなければなりません。

廃棄物処理法の特例措置も

本法は、食品リサイクルの取組みを円滑に進めるための措置も定めています。

一つは、再生利用事業者の登録制度です。

食品循環資源の肥飼料化等を行う事業者についての登録制度を整備しています。登録再生利用事業者になると、一般廃棄物の収集運搬における荷卸し地の許可が不要になるなど、廃棄物処理法の特例が定められています。

もう一つは、再生利用事業計画の認定制度です。これは、食品関連事業者が、肥飼料等の製造業者や農林漁業者等と共同し、再生利用事業計画を作成・認定を受ける仕組みです。認定を受けた計画の範囲内において、一般廃棄物の収集運搬の許可が不要になるなど、やはり廃棄物処理法の特例が定められています。

食品リサイクル法の仕組み

●取組担保措置

基本方針の策定

・食品循環資源の再生利用等を実施すべき量に関する目標　等
（我が国全体の中期的目標を業種別に策定）

食品関連事業者の判断の基準となるべき事項の策定

・基本方針の目標を達成するために取り組むべき措置等
（①食品関連事業者ごとの再生利用等の実施率目標、②発生抑制目標）

報告徴収・立入検査

指導・助言
←判断基準を勘案

勧告・命令等
←判断基準に照らして著しく不十分

定期報告

食品関連事業者
食品の製造、卸売、小売、外食、沿海旅客海運業、内陸水運業、結婚式場業、旅館業

うち食品廃棄物等の前年度の発生量100t以上の者
（FC事業の場合、本部＋加盟者≧100t）
→本法施行令第4条において発生量の要件を策定

●取組円滑化措置

再生利用事業者の登録制度

登録再生利用事業者
↑食品循環資源
食品関連事業者

※一般廃棄物の収集運搬における荷卸し地の許可不要など特例を用意

再生利用事業計画の認定制度

食品関連事業者
→（収集運搬業者）食品循環資源→ 再生利用事業者
再生利用事業者 →特定肥飼料等→ 農林漁業者等
農林漁業者等 →特定農畜水産物等→ 食品関連事業者

※一般廃棄物の収集運搬の許可を不要とするなど特例を用意

本法は、食品リサイクルの目標を設定するなど取組みを担保する措置を定めるとともに、廃棄物処理法の特例をつくるなど取組みを円滑にする措置を定めています。

「食品リサイクル法制度の仕組み」（農林水産省）（https://www.maff.go.jp/j/shokusan/recycle/syokuhin/s_about/pdf/110909_syokuri_sikumi.pdf）をもとに筆者作成

これも知っておきたい！

食品循環資源

「食品廃棄物等」（①食品が食用に供された後に、又は食用に供されずに廃棄されたもの、②食品の製造、加工又は調理の過程において副次的に得られた物品のうち食用に供することができないもの）のうち、有用なものをいう。

転売防止ガイドライン

正式名称は、「食品リサイクル法に基づく食品廃棄物等の不適正な転売の防止の取組強化のための食品関連事業者向けガイドライン」（平成二九年一月）。平成二八年一月に発覚したダイコー事件（産業廃棄物処分業者による食品廃棄物転売事件）を受けて策定された。食品リサイクル取組みの促進と転売防止措置を同時に達成するための考え方や取組例が示されている。

家電リサイクル法
家電四品目とは？

家電四品目があるかを確認

本法の対象と規制概要

特定家庭用機器再商品化法（家電リサイクル法）は、「特定家庭用機器」の小売業者や製造業者等に対して、その廃棄物の収集運搬、再商品化等（リサイクル）に関する仕組みを整備しています。

「特定家庭用機器」とは、家庭用のもので、次の「家電四品目」を指します。

①エアコン
②テレビ（ブラウン管式・液晶式・有機ＥＬ式・プラズマ式）
③冷蔵庫・冷凍庫
④洗濯機・衣類乾燥機

本法は、**家庭用**の対象機器を対象とし、**業務用**は対象としていません。事業所で使用している場合でも、家庭用の対象機器であれば本法の対象となるので注意が必要です。

判断に迷う場合は、メーカーに問い合わせるか、一般財団法人家電製品協会のウェブサイト等で確認するとよいでしょう。

関連三者をそれぞれ規制

本法では、図表の通り、家電四品目に関する次の三者に対して規制等を定めています。

排出者（消費者）は、家電四品目を廃棄する際、収集運搬料金とリサイクル料金を支払います。

小売業者は、家電四品目の引取り・引渡しを行います。その料金はあらかじめ公表されます。製造業者等（製造業者、輸入業者）は、リサイクルを実施すべき量に関する基準に従ってリサイクルを行います。料金は公表されます。フロンも回収します。

家電四品目が排出者から小売業者、製造業者等に適切に引き渡されることを確保するため、管理票（マニフェスト）制度があります。これを「家電リサイクル券」と言います。

家電リサイクル券システムには「料金販売店回収方式」と「料金郵便局振込方式」の二つがあります。

なお、事業所から家電四品目を排出する方法として、①引取義務のある小売業者に引き渡す、②自ら又は許可のある産業廃棄物収集運搬業者に委託して指定取引所に持ち込む――などの方法がありえます。

家電リサイクル法の仕組み

対象機器：エアコン、テレビ（ブラウン管テレビ、液晶テレビ・有機ELテレビ（※）、プラズマテレビ）、冷蔵庫・冷凍庫、洗濯機・衣類乾燥機

（※）携帯テレビ、カーテレビ及び浴室テレビ等を除く。

排出

排出者
①適正な引渡し
②収集運搬、再商品化等に関する料金の支払い

収集運搬

小売業者
引取義務（自ら回収する場合は、収集運搬の許可不要）
①自らが過去に販売した対象機器
②買換えの際に引取りを求められた対象機器
引渡義務

市町村等

指定引取場所（製造業者等が指定）

再商品化等

製造業者・輸入業者
引取義務
自らが過去に製造・輸入した対象機器
再商品化等実施義務

指定法人
①義務者不存在等
②中小業者の委託

市町村等

管理票（リサイクル券）制度による確実な運搬の確保

交付・回付

実施状況の監視

本法は、排出者に対して、適正な引渡しとリサイクル料金の支払いを求めるとともに、家電リサイクル券（管理票）の運用によって、確実な運搬の確保を図っています。

「家電リサイクル法の概要」（環境省）（https://www.env.go.jp/recycle/kaden/gaiyo.html）をもとに筆者作成

これも知っておきたい！

家庭用と業務用の区分の例

一般財団法人家電製品協会家電リサイクル券センターのウェブサイトには、家電四品目の対象と対象外の一覧が示されている。

例えば、エアコンであれば、壁掛けのセパレート形は対象となる一方、天井埋め込み形のエアコン（業務用）は対象外となる。

対象品目に有機ELテレビを追加

令和五年一二月、本法施行令が改正され、家電四品目のテレビに有機ELテレビが追加された（六年四月施行）。

循環型社会

小型家電リサイクル法

リサイクルを促す枠組みを整備

対象となる小型電子機器等を確認

幅広く小型電子機器を対象へ

「使用済小型電子機器等の再資源化の促進に関する法律」（小型家電リサイクル法）は、「使用済小型電子機器等」の再資源化（リサイクル）を促進するための措置を定めた法律です。

「小型電子機器等」とは、携帯電話端末、デジタルカメラ、パソコン、電子レンジ、ゲーム機など幅広く指定されています。家電リサイクル法の家電四品目とは異なるので注意が必要です。

本法では、事業者等の責務として主に次の事項を定めています。

①事業者…使用済小型電子機器等を分別して排出し、認定事業者等に引き渡すよう努めます。

②小売業者…消費者による使用済小型電子機器等の適正な排出を確保するための協力に努めます。

③製造業者…小型電子機器等の設計及びその部品又は原材料の種類を工夫することにより再資源化に要する費用を低減し、再資源化で得られた物を利用するよう努めます。

リサイクル促進措置とは

本法は、再資源化事業計画の認定制度を定めています。

再資源化のための事業を行おうとする者は、再資源化事業の計画を作成し、環境大臣・経済産業大臣の認定を受けることができます。

認定を受けた者やその委託を受けた者は、使用済小型電子機器等の再資源化に必要な行為を行うときは、市町村長等による廃棄物処理法に基づく廃棄物処理業の許可が不要となります。また、認定を受けた者等は、産業廃棄物処理事業振興財団が行う債務保証等の対象となります。

さらに、収集を行おうとする区域内の市町村から分別して収集した使用済小型電子機器等の引取りを求められたときは、正当な理由がある場合を除き、引き取る義務があります。

なお、事業者が対象機器等を認定事業者に引き渡す際は、廃棄物処理法に基づいた手続きが必要です（委託契約の締結やマニフェストの義務など）。

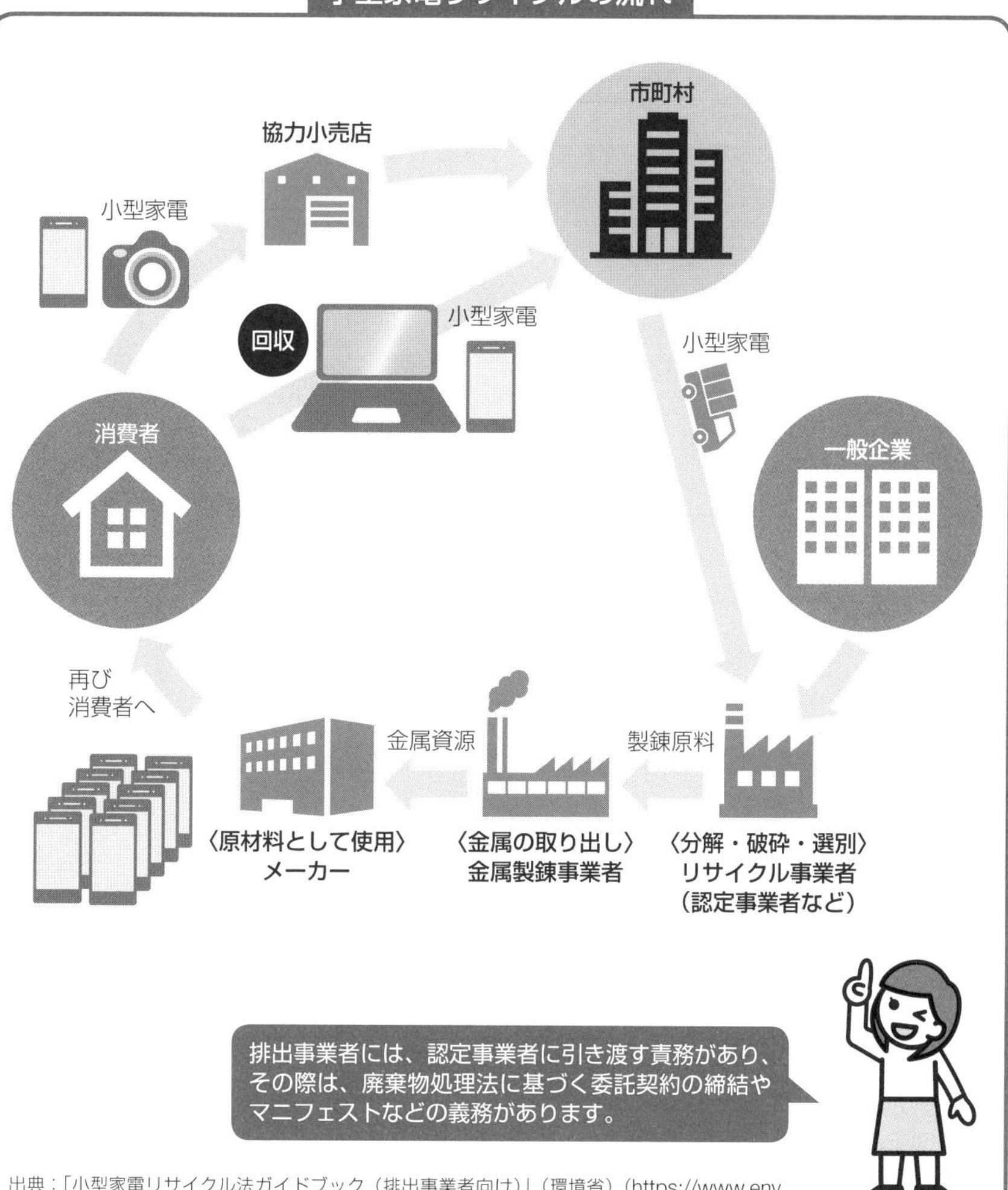

出典：「小型家電リサイクル法ガイドブック（排出事業者向け）」（環境省）（https://www.env.go.jp/recycle/recycling/raremetals/pam-kig.pdf）

これも知っておきたい！

小型電子機器等

本法施行令一条により、一般消費者が通常生活の用に供する電気機械器具として、「電話機、ファクシミリ装置その他の有線通信機械器具」（第一号）など、二八品目を定めている。これらの付属品も含まれている。

中古品などとの関係

環境省の通知（平成二五年三月八日環廃企一三〇三〇八三号）によれば、家庭で使用されている小型電子機器等や、リユースショップで中古品として販売されている小型電子機器等については、「使用を終了し」ていないため、本法の対象とはならない。

グリーン購入法

グリーン対象品目を規定

対象品目を参考に購入する

グリーン購入の対象品目とは

「国等による環境物品等の調達の推進等に関する法律」（グリーン購入法）は、国等の各機関、地方自治体及び地方独立行政法人による環境物品等の調達の推進などを定めた法律です。

国等の各機関とは、国会や裁判所、各中央省庁、独立行政法人等を指します。本法に基づき、国は、国や独立行政法人等における環境物品等の調達を推進するための基本方針を定めます。

基本方針の正式名称は、「環境物品等の調達の推進に関する基本方針」です。

基本方針では、①国・独立行政法人等が重点的に調達を推進すべき環境物品等の種類（特定調達品目）、②その判断の基準、③その基準を満たす物品等（特定調達物品等）の調達の推進に関する基本的事項を定めています。

基本方針は毎年見直されています。特定調達品目は、平成一三年度に一四分野一〇一品目でスタートし、令和五年一二月には二二分野二八七品目となりました。

各省庁の長や独立行政法人等の長は、毎年度、基本方針に即して、環境物品等の調達方針を作成・公表し、物品等を調達します。

また、年度終了後、調達の実績概要を取りまとめ、公表し、かつ環境大臣に報告します。

事業者とグリーン購入法

このように、本法は、民間などのその他事業者に対して、具体的な義務を定めたものではありません。

五条で、「物品を購入し、若しくは借り受け、又は役務の提供を受ける場合には、できる限り環境物品等を選択するよう努める」と定めている程度です。

ただし、調達すべき環境物品等を毎年見直しながら国が示しているので、それを参考に自社の購入品目を選ぶ事業者が少なくありません。

なお、本法では、別に、事業者に対して、その製造等する物品等に関する環境負荷の把握に必要な情報の提供に努めることを求めています。

グリーン購入法の仕組み

目　的

環境負荷の低減に資する物品・役務（環境物品等）について、
① 国等の公的部門における調達の推進　⇒　環境負荷の少ない持続可能な社会の構築
② 情報の提供など

国等における調達の推進

「基本方針」の策定
↓
国等の各機関
（国会、裁判所、各省、独立行政法人等）
毎年度「調達方針」を作成・公表
↓
調達方針に基づき、調達推進
↓
調達実績の取りまとめ・公表
環境大臣への通知
↑
環境大臣が各大臣等に必要な要請

地方自治体・地方独立行政法人

・毎年度、調達方針を作成
・調達方針に基づき調達推進
（努力義務）

環境調達を理由として、物品調達の総量を増やすこととならないよう配慮

事業者・国民

物品購入等に対し、できる限り、環境物品等を選択
（一般的責務）

情報の提供

製品メーカー等
製造する物品等についての適切な環境情報の提供

環境ラベル等の情報提供団体
科学的知見、国際的整合性を踏まえた情報の提供

本法は、グリーン購入を促進するために、国などの公的部門におけるグリーン調達を推進するとともに、情報提供の措置などを定めています。

「グリーン購入法の仕組み」（環境省）（https://www.env.go.jp/policy/hozen/green/g-law/block_brief/h22_mat/mat01.pdf）をもとに筆者作成

これも知っておきたい！

基本方針の変更

令和五年一二月に閣議決定された基本方針の見直しでは、個別の基準二三品目（印刷用紙、温水器等四品目、自動車等）の判断基準等が見直された。例えば、ヒートポンプ式電気給湯器を始めとした七品目において、カーボンフットプリントの算定及び開示を配慮事項に設定した。

また、プロジェクタやガス温水機器の対象範囲が拡大された。

化学物質・安全衛生等

化学物質対策の法令

化学物質関連法令の全体像

多種多様な法令から成る

ばく露・有害性から見た法令一覧

一般に「化学物質関連法令は?」と聞かれれば、「化管法、化審法」などと答える方が多いと思います。しかし、図表のように、化学物質を規制する法令を一覧化してみると、これら法令に限らず、実に多くの法令があることに気づかされます。

化学物質は、現代の社会において有用なものである一方、取扱いによっては健康や環境に有害な作用をもたらすことがあります。

労働現場では、主に急性毒性を防ぐために「毒物及び劇物取締法」(毒劇法)があります。また、急性毒性から長期毒性までの健康影響を防止するため、労働安全衛生法(安衛法)などがあります。

消費者が化学物質やその含有製品を取り扱う場合、主に健康被害防止のために、対象品目によって、農薬取締法、食品衛生法、「医薬品、医療機器等の品質、有効性及び安全性の確保等に関する法律」(医薬品医療機器法)など様々な法令が規制事項を定めています。

環境経由で健康被害や生活環境の汚染を防ぐため、「化学物質の審査及び製造等の規制に関する法律」(化審法)、「特定化学物質の環境への排出量の把握等及び管理の改善の促進に関する法律」(化管法)があります。

また、排出・ストック汚染を防ぐため、大気汚染防止法や水質汚濁防止法などがあります。廃棄物対策では、「廃棄物の処理及び清掃に関する法律」(廃棄物処理法)があります。

さらに、地球環境への影響を防ぐため、「フロン類の使用の合理化及び管理の適正化に関する法律」(フロン排出抑制法)もあります。

一つの物質に複数の規制も

こうした法令に対応する際に注意すべきは、一つの化学物質に対して、目的が異なる複数の法令が適用されることです。例えば、トリクロロエチレンであれば、安衛法、化審法、化管法、大気汚染防止法、水質汚濁防止法などが適用されます。

取り扱う化学物質については、SDS(安全データシート)等で調査・対応することが求められます。

化学物質関連法令の全体像

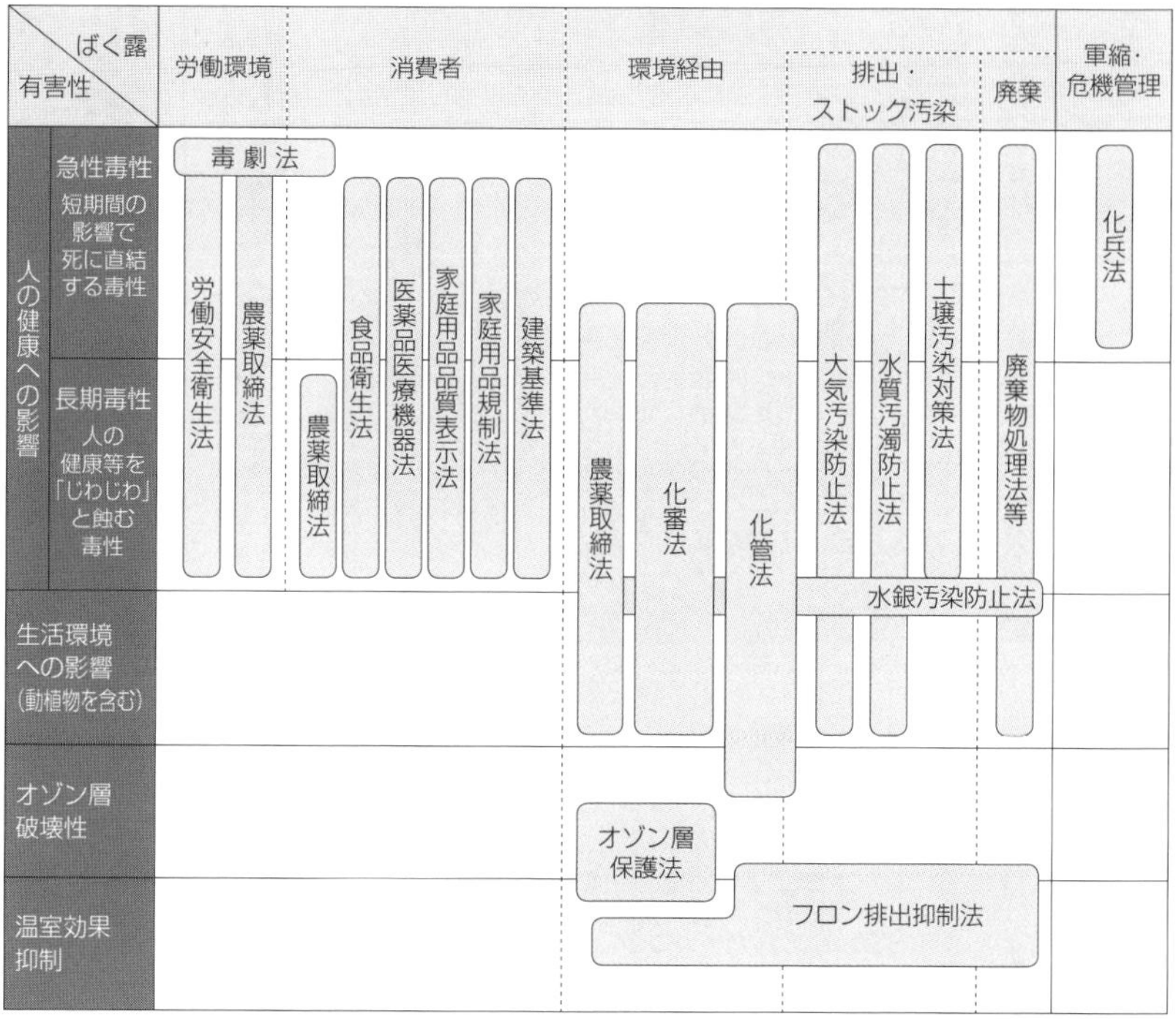

有害性＼ばく露		労働環境	消費者	環境経由	排出・ストック汚染	廃棄	軍縮・危機管理
人の健康への影響	急性毒性 短期間の影響で死に直結する毒性	毒劇法、労働安全衛生法、農薬取締法	毒劇法、食品衛生法、医薬品医療機器法、家庭用品品質表示法、家庭用品規制法、建築基準法	農薬取締法、化審法、化管法	大気汚染防止法、水質汚濁防止法、土壌汚染対策法	廃棄物処理法等	化兵法
	長期毒性 人の健康等を「じわじわ」と蝕む毒性	労働安全衛生法、農薬取締法	農薬取締法、食品衛生法、医薬品医療機器法、家庭用品品質表示法、家庭用品規制法、建築基準法	農薬取締法、化審法、化管法、水銀汚染防止法	大気汚染防止法、水質汚濁防止法、土壌汚染対策法、水銀汚染防止法	廃棄物処理法等、水銀汚染防止法	
生活環境への影響（動植物を含む）				農薬取締法、化審法、化管法	大気汚染防止法、水質汚濁防止法	廃棄物処理法等	
オゾン層破壊性				化管法、オゾン層保護法			
温室効果抑制				フロン排出抑制法	フロン排出抑制法	フロン排出抑制法	

上の図表は、有害性とばく露性で化学物質に関連する法令を一覧化したものです。多種多様な法令があることがわかります。

「化学物質管理政策をめぐる最近の動向について（総論）」（経済産業省）をもとに筆者作成（https://www.meti.go.jp/shingikai/sankoshin/seizo_sangyo/kagaku_busshitsu/pdf/010_01_00.pdf）

これも知っておきたい！

SDSでわかる適用法令

例えば、厚生労働省のウェブサイト「職場のあんぜんサイト」で「トリクロロエチレン」を検索すると、そのSDSの「適用法令」には主に次のような法令が記載されている。

・安衛法…特定化学物質第二類物質等
・化審法…第二種特定化学物質
・化管法…第一種指定化学物質
・水質汚濁防止法…有害物質
・大気汚染防止法…指定物質等
・船舶安全法…毒物類・毒物
・航空法…毒物類・毒物
・労働基準法…疾病化学物質

化学物質・安全衛生等

化学物質の事前審査と継続管理

化審法

キーワードは「上市」

新規化学物質の事前審査

「化学物質の審査及び製造等の規制に関する法律」（化審法）では、図表のように、「上市」をキーワードに規制措置を定めています。

「上市」とは文字通り、市場に出回ることと考えるとよいでしょう。

まず、上市する前に新規化学物質の事前審査を行う制度を整備しています。日本で新たに製造・輸入される化学物質（年間一t超）について、事前に厚生労働大臣、経済産業大臣及び環境大臣（三大臣）に届出を行い、三大臣が規制対象か否かを審査します。判定が出るまでは原則として製造・輸入ができません。

上市後の継続的な管理と規制

次に、上市後の化学物質についても継続的な管理措置を定めています。

本法制定前に製造・輸入されていた既存化学物質を含む「一般化学物質」等について、年間一t以上製造・輸入を行った場合などは、原則として届出義務があります。

国は優先的にリスク評価を行う物質を「優先評価化学物質」に指定します。リスク評価のために製造・輸入数量（実績）等の届出、情報提供、有害性等調査、有害性情報報告、取扱いの状況の報告等などの規定があります。

さらに、**化学物質の性状等に応じて**、主に次の規制があります。

①**第一種特定化学物質**…PCBなど、「難分解性」、「高蓄積性」及び「長期毒性（人又は高次捕食動物）」を有する化学物質を指定。環境中への放出を回避。製造・輸入の許可制（原則禁止）。

②**監視化学物質**…既存化学物質の中で第一種特定化学物質に該当する可能性がある物質を指定。使用状況等を詳細に把握。製造・輸入量の届出制。

③**第二種特定化学物質**…トリクロロエチレンなど、「高蓄積性」はないものの、「長期毒性（人又は生活環境動植物）」を有する化学物質のうち、相当程度環境中に残留している又はその見込みがあるものを指定。環境中への放出を抑制。製造・輸入量の届出制。

化審法の仕組み

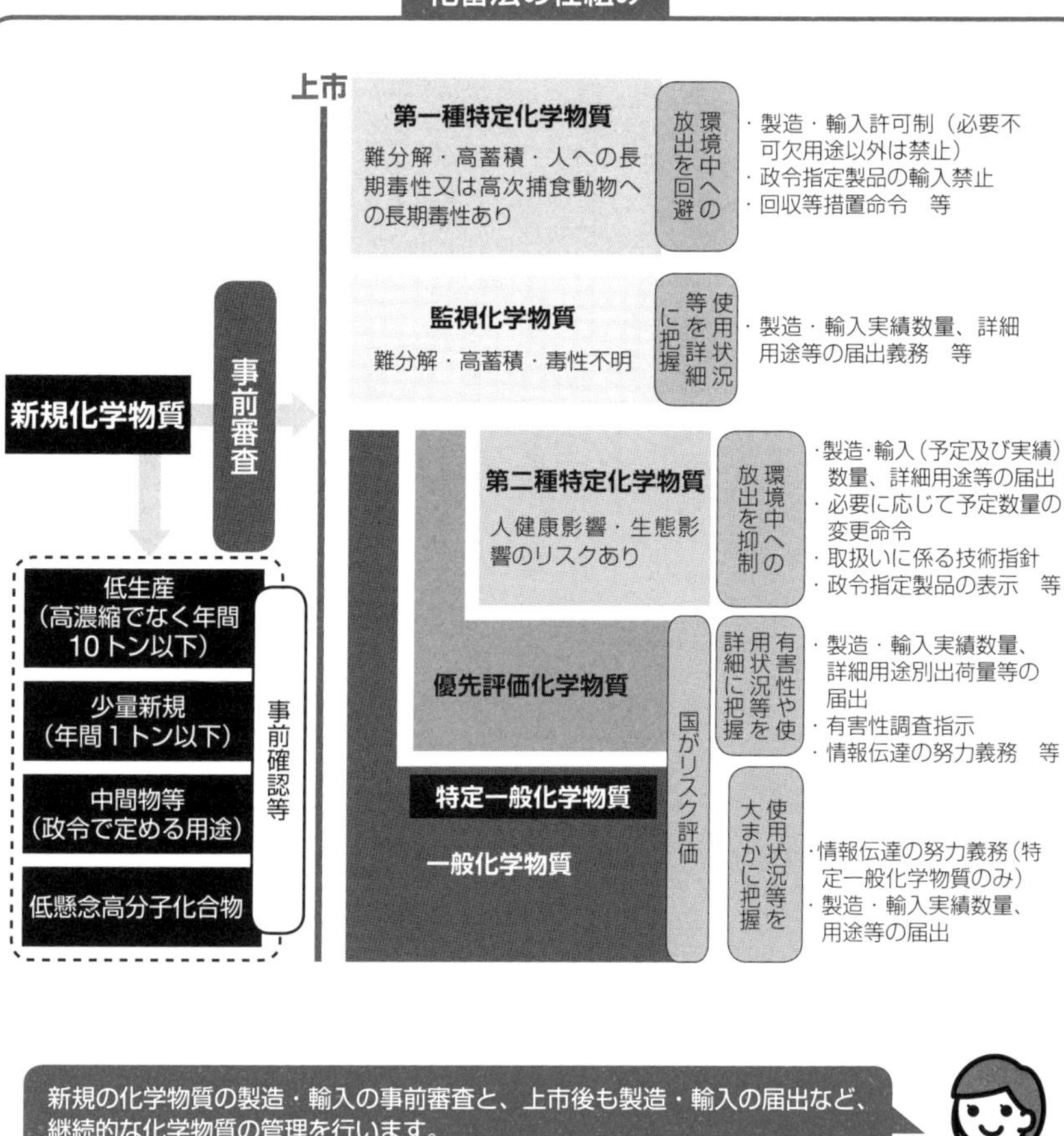

出典：「化審法の体系」（経済産業省）（https://www.meti.go.jp/policy/chemical_management/kasinhou/files/about/law_scope.pdf）

これも知っておきたい！

性状等に応じた規制

化学物質の「性状等に応じた規制」とは、①分解性②蓄積性③人への長期毒性又は動植物への毒性——という性状や、必要な場合に、環境中の残留状況に着目した規制である。それらの性状等に応じて規制を変えている。

PFAS規制

有機フッ素化合物のうち、PFAS（ペルフルオロアルキル化合物及びポリフルオロアルキル化合物）が幅広く利用されている。平成二一年にPFASのうちPFOS又はその塩が、令和三年にPFOA又はその塩が第一種特定化学物質に追加され、製造・輸入が原則禁止となった。五年、PFHxS若しくはその異性体又はこれらの塩が追加された（六年二月施行）。

化学物質・安全衛生等

化管法①　PRTRとは？

排出量等を「見える化」させる

PRTRの対象事業者

「特定化学物質の環境への排出量の把握等及び管理の改善の促進に関する法律」（化管法／PRTR法）は、名称の通り、環境への排出量の把握等とともに（**PRTR**）、管理の改善の促進（SDS：安全データシート）を定めています。

PRTR・SDSいずれの制度も含め、本法は、事業者に対して化学物質の排出量や濃度等を抑えることを義務付けるものではありません。排出量等や取扱い等の情報を開示する、いわば「化学物質の見える化」を定めた法律だと考えるとわかりやすいでしょう。

PRTRの対象事業者は、次の三要件すべてを満たす事業者です。

①製造業など二四の対象業種

②全事業所合算で、常時使用する従業員数が二一人以上

③いずれかの第一種指定化学物質の年間取扱量が一t以上（特定第一種指定化学物質は〇・五t以上）の事業所あり（又は、廃棄物処理施設などの特別要件施設を設置）

対象事業者の義務

令和三年一〇月、本法施行令が改正され、**対象化学物質の見直し**がありました。五年四月に施行されています。

第一種指定化学物質は、現在五一五物質が指定されています。対象物質には、揮発性炭化水素として、ベンゼン、トルエン、キシレンなど、有機塩素系化合物として、ダイオキシン類、トリクロロエチレンなど、金属化合物として、鉛及びその化合物、有機スズ化合物など、様々な化学物質が指定されています。

特定第一種指定化学物質には、石綿、カドミウム及びその化合物などが指定されています。

対象事業者は、事業所ごとに、前年度の第一種指定化学物質の環境への排出量・移動量を把握し、都道府県経由で国（事業所管大臣）に届け出なければなりません。

国は、届出データを集計するとともに、家庭や農地、自動車など、届出義務対象外の排出源からの排出量も推計して集計し、公表します。

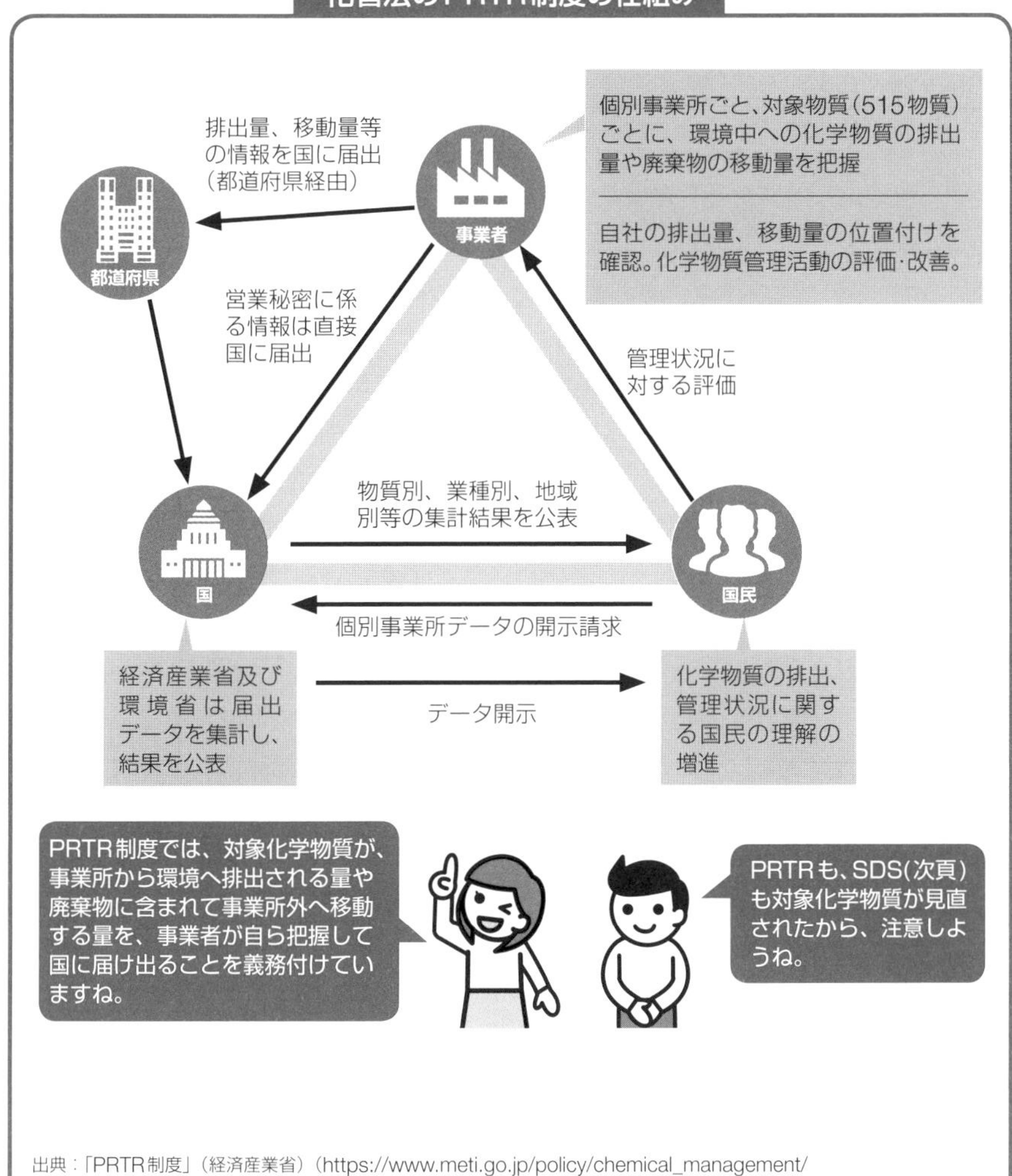

これも知っておきたい！

PRTR

「Pollutant Release and Transfer Register…化学物質の排出及び移動量の届出制度」の略。

PRTRの情報開示

環境省のウェブサイト「PRTRインフォメーション広場」では、毎年の届出情報等が開示されている。

対象化学物質の見直し

令和三年一〇月公布の本法施行令改正では、対象化学物質が除外・追加され、四六二物質から五一五物質になった。施行は、五年四月。

改正後の対象化学物質の排出量・移動量の把握を五年四月から始め、六年四～六月に届け出る。

化管法②

SDSとは？

取扱情報を「見える化」

SDS制度の概要と対象

化管法で定める**SDS**制度では、対象となる化学物質及びそれらを含有する製品（指定化学物質等）を他の事業者に譲渡・提供する場合、SDSによって、性状や取扱いに関する情報を提供することを義務付けています。

ここで注意すべきなのは、対象物質及びそれらを含有する製品を取り扱うすべての事業者が対象事業者となることです。

PRTRのように、業種、常用雇用者数、年間取扱量の要件はありません。

令和三年一〇月、本法施行令が改正され、**対象化学物質の見直し**がありました。五年四月に施行されています。

対象化学物質は、六四九物質あります。PRTRの対象物質である第一種指定化学物質（五一五物質）とともに、第二種指定化学物質（一三四物質）が対象です。

対象製品は、上記の化学物質を一％以上（特定第一種指定化学物質は〇・一％以上）含み、①固形物（粉状・粒状を除く）、②密封された状態で使用、③一般消費者の生活に供される製品、④再生資源のいずれにも該当しない製品を指します。

対象事業者は、SDSの提供を行うことが義務付けられます。努力義務として、化管法ラベルによる表示を行うことも求められています。

SDS提供方法

SDSの提供方法は、文書、磁気ディスクで行います。メール等の場合は受領者側の事前承諾が必要です。

SDSの記載項目は、化学品・会社情報、危険有害性の要約など一六項目あります。また、JIS Z 7253に適合した方法での作成・提供が努力義務となっています。

ラベル表示の記載項目は、六項目あり、名称、注意喚起語、絵表示などです。JIS Z 7253に適合した方法で作成・提供します。

実務上、最新のSDSとなっていない場合や、取扱現場にSDSがない場合が少なくありません。

化管法のSDS制度対象事業者の判定フロー

あなたは、化学物質またはそれを含む製品を取り扱う事業者ですか？（製造、輸入、販売等）

↓ はい

あなたは、日本国内の事業者にその化学物質または化学物質を含む製品を譲渡・提供しますか？

→ いいえ、海外の事業者です。／いいえ、譲渡・提供しません。〔・輸送業者への委託 ・同一事業者の事業者間での移動を含む。〕 → 化管法に基づくSDSの提供義務及びラベル表示の努力義務はありません。海外への輸出に関しては、その国の関連法規に従ってください。輸送（陸上・海上・航空）に関しては、化管法の適用はありませんので、関連法規に従ってください。

↓ はい、国内の事業者に譲渡・提供します。

あなたの取り扱う化学物質または化学物質を含む製品は、化管法の対象物質を含みますか？
（化管法の指定化学物質（第一種指定化学物質及び第二種指定化学物質）、
または
指定化学物質を1質量%以上（特定第一種指定化学物質の場合は0.1質量%以上）含有する製品）

→ いいえ → 化管法に基づくSDSの提供義務及びラベル表示の努力義務はありません。必ず安衛法及び毒劇法の対象物質かどうかについてもご確認ください。

↓ はい

それらは、次の4つのいずれかに該当しませんか？
1. 固形物
2. 密封された状態で取り扱われる製品
3. 主として一般消費者の生活の用に供される製品
4. 再生資源

→ 該当します。 → 化管法に基づくSDSの提供義務及びラベル表示の努力義務はありません。必ず安衛法及び毒劇法の対象物質かどうかについてもご確認ください。

→ 該当しません。 → 化管法に基づくSDSの提供義務及びラベル表示の努力義務があります。別途、安衛法及び毒劇法の対象物質についてもご確認ください。

化管法SDS制度では、対象化学物質や含有製品について他の事業者に譲渡・提供する場合、SDSを交付することによって情報提供を義務付けています。

出典：「化管法に基づくSDS制度対象事業者 判定フロー」（経済産業省）（https://www.meti.go.jp/policy/chemical_management/law/msds/pdf/SDS_flowchart.pdf）

これも知っておきたい！

SDS

「Safety Data Sheet：安全データシート」の略。平成二三年度までは「MSDS（Material Safety Data Sheet）」と呼ばれていたが、国際整合の観点から、「SDS」に統一された。

対象化学物質の見直し

令和三年一〇月公布の本法施行令改正では、対象化学物質が除外・追加され、五六二物質から六四九物質になった。施行は、五年四月。

改正で追加された物質のSDS提供を五年四月から始めることが義務付けられている。

化学物質規制と条例
PRTRに上乗せ

都道府県条例に注意

適正管理に独自規制

　都道府県等の条例では、化管法の対策とは別に、独自の化学物質対策を定めたものがあります。

　その内容には様々なものがありますが、主に、化管法のPRTR制度を念頭に置きながら、国の制度で足りないと判断した箇所を条例で補塡するものが見られます。

　例えば、大阪府では、「大阪府生活環境の保全等に関する条例」により、国のPRTR対象物質について、法律が義務付ける排出量や移動量のほかにも、取扱量の届出を義務付けています。

　また、府独自に「第一種管理化学物質」を指定し、これらの排出量・移動量・取扱量の届出も義務付けています。対象物質は揮発性有機化合物（VOC）が指定されています。

　さらに、化管法・条例の対象物質の排出量・移動量・取扱量の届出対象者のうち、常時使用する従業員数が五〇人以上の事業所を府内に持つ事業者は、化学物質管理計画書の届出も義務付けられています。また、化学物質管理目標決定と達成状況の届出も行います。

中小規模の事業者も視野に

　東京都では、図表のように、「都民の健康と安全を確保する環境に関する条例」（環境確保条例）で独自の化学物質規制を実施しています。

　「適正管理化学物質」を年一〇〇kg以上取り扱う事業所に使用量等の報告や化学物質管理方法書の作成を義務付けています。化管法のPRTR制度では第一種指定化学物質の年間取扱量が一t以上なので、中小規模の事業者も規制の視野に入れていることがうかがえます。

　また、そのうち、従業員二一人以上の事業所は化学物質管理方法書を提出しなければなりません。

　対象物質は、化学物質の有害性や都内の環境濃度・使用状況を考慮して、アクロレインなど五九物質が指定されています。

　国の法令だけでなく、主に都道府県の条例も踏まえた化学物質管理が求められます。

化学物質に関する条例規制の例（東京都の場合）

都内に工場・指定作業場（条例指定）を設置していますか？

↓ はい

事業所単位で、年間100kg以上取り扱う適正管理化学物質（59物質）がありますか？

↓ はい

適正管理化学物質取扱事業者です！

届出対象にならない事業者も、化学物質（放射性物質を除く）を取り扱う場合は、その適正管理に努める必要があります

・SDSを取り寄せ、成分を確認しましょう
・購入量・消費量・在庫量等を把握しましょう
・化学物質ごとの取扱量を把握しましょう

<①使用量等の報告の提出>
内容：事業所ごとに、毎年度、その前年度の適正管理化学物質ごとの使用量、製造量、製品としての出荷量、排出量及び移動量を把握し報告します。

<②化学物質管理方法書の作成>
化学物質の取扱い時における環境中への排出防止、事故災害時の環境汚染拡大の防止のため、化学物質の取扱方法や排出防止対策、緊急時の対応を文書にした「化学物質管理方法書」を作成します。

↓

事業所の従業員数（正社員）は、21人以上ですか？

↓ はい

<③化学物質管理方法書の提出>
提出期間：作成時速やかに。内容が変更された場合はその都度

<提出先>
区役所・市役所　等

主に都道府県レベルにおいて、化管法とは別に独自の化学物質規制を定めている条例があります。東京都は、環境確保条例により、59の化学物質を取り扱う事業者を規制しています。

「化学物質の適正管理が必要です！」（東京都環境局）をもとに筆者作成

これも知っておきたい！

震災時の化学物質対策

平成二五年、東京都は「化学物質適正管理指針」を改正し、震災対策を盛り込んだ化学物質管理方法書の作成を求めている。

水害対策の強化

近年、大型台風等による水害被害が増え、工場からの化学物質の流出が課題となっている。

化管法では、SDS対象物質等の取扱事業者に指針に留意した管理を求めているが（努力義務）、指針を改正し、令和四年一一月から災害発生時の化学物質漏えい防止のため平時から必要な措置も求めた。

東京都は、二年に化学物質適正管理指針を改正し、災害対策に水害対策も追加した。

化学物質・安全衛生等

毒劇法

毒物・劇物の取扱いに規制

届出不要の取扱業者に違反多い？

本法の全体像

「毒物及び劇物取締法」（毒劇法）は、毒物と劇物（毒劇物）について、保健衛生上の見地から必要な取締りを行うことを目的とした法律です。

規制内容は、図表のように、毒劇物との関わり方に応じて異なってきます。

まず、毒劇物の製造業や輸入業、販売業については毒物劇物営業者として次の①～③の義務があります。

①営業者登録（製造業又は輸入業の登録は五年ごとに、販売業の登録は、六年ごとに更新）、譲渡手続き、交付制限の義務

②毒物劇物取扱責任者の設置義務

③毒劇物の取扱い、表示、廃棄方法の遵守、運搬・貯蔵に関する技術上の基準の遵守義務

一方、毒劇物の製造や輸入、販売を行わず、毒劇物を利用する立場の者については、業務上取扱者としての義務があります。

このうち、**届出を要する業務上取扱者**については、前述の①～③のうち、②と③の義務があります。

届出不要の業務上取扱者

工場等で毒劇物を取り扱う事業者の大半は、届出不要の業務上取扱者となるでしょうが、その場合の義務は、③のみとなります。

ここで、③の義務内容を詳細に示すと、次の通りです（二二条五項）。

・盗難・紛失・飛散等の防止措置

・容器・被包に「医薬用外毒物」「医薬用外劇物」表示（毒物は赤地に白色の「毒物」、劇物は白地に赤色の「劇物」の文字）

・貯蔵、陳列場所に、「医薬用外毒物」「医薬用外劇物」表示

・廃棄、運搬、貯蔵等に関する技術上の基準に従う

・事故の際の保健所等への届出、盗難・紛失の際の警察署への届出

届出不要の取扱業者の中には、こうした義務があることを知らずに、盗難防止措置や表示義務などを果たしていない場合も少なからず見られます。毒劇物の製造や輸入、販売をしていなくても、これら義務はあることを認識し、対応しなければなりません。

毒劇法の概要

毒物劇物営業者	製造業	・営業者登録 ・譲渡手続き ・交付制限	・毒物劇物取扱責任者の設置	・毒物劇物の取扱い ・毒物劇物の表示 ・廃棄方法の遵守 ・運搬、貯蔵に関する技術上の基準
	輸入業			
	販売業			
業務上取扱者	届出要業務上取扱者			
	届出不要業務上取扱者			

出典：「化学物質の適正な評価・管理と安全性の確保について」（厚生労働省）（https://www.mhlw.go.jp/file/05-Shingikai-12601000-Seisakutoukatsukan-Sanjikanshitsu_Shakaihoshoutantou/0000021840.pdf）

これも知っておきたい！

禁止規定

登録を受けずに毒劇物を製造、輸入、販売することは禁止されている。違反した場合は、三年以下の懲役若しくは二〇〇万円以下の罰金に処し、又はこれを併科するなどの罰則もある。

届出を要する業務上取扱者

①無機シアン化合物（毒物）及び含有製剤を扱う「めっき業者」
②無機シアン化合物（毒物）及び含有製剤を扱う「金属熱処理業者」
③黄燐など二三種類の毒物劇物を大量に運送する業者
④砒素化合物（毒物）及び含有製剤を扱う「しろあり防除業者」

化学物質・安全衛生等

消防法

危険物規制の全体像

指定数量に気をつける

消防法と危険物

消防法の目次を見ると、総則、火災の予防、危険物、危険物保安技術協会、消防の設備等、消防用機械器具検定等、日本消防検定協会等、火災の警戒、消火の活動、火災の調査、救急業務などとなっています。

環境法対応から見て重要なのは、このうち危険物への規制となります。つまり油などの危険物が外部へ流出すれば環境汚染となり、それを防ぐための規制が、消防法の危険物規制となるからです。

危険物について本法は、第一類〜第六類に分けて品目を定めています。例えば、第四類（引火性液体）第一石油類として、ガソリンなどを定めています。

危険物規制の概要

危険物を取り扱う場合、本法では図表のように、詳細な規制措置を講じています。

危険物施設（製造所、貯蔵所、取扱所）の設置・変更は消防機関の許可制となっています。

指定数量（危険物の規制に関する政令別表三で、危険物の類別、品名、性質ごとに規定）以上の危険物には、次の規制があります。

まずハード基準として、位置（保安距離等）、構造（材質等）、設備（消火設備等）の基準があります。

次にソフト基準として、貯蔵・取扱い規制（火気使用制限、立入制限、漏れ防止等）があります。

さらに保安体制として、危険物取扱者による取扱い、事業所規模等に応じた保安体制の整備（危険物保安統括管理者、危険物保安監督者、予防規程など）が求められます。

また、貯蔵所以外での貯蔵は禁止され、製造所・貯蔵所・取扱所以外での取扱いは禁止されます。

指定数量一／五以上〜指定数量未満の危険物は、少量危険物として、市町村などの条例（火災予防条例）により、貯蔵・取扱いであらかじめ届出が義務付けられています。また、指定数量未満の危険物の貯蔵・取扱いの技術上の基準も条例で定められています。

このように指定数量に着目して管理することが求められます。

消防法の危険物規制

危険物施設

○製造所
危険物を製造する施設
例…石油精製工場

○貯蔵所
危険物を貯蔵する施設
例…石油タンク

○取扱所
危険物を取り扱う施設
例…ガソリンスタンド

→ 消防機関の許可を受ける必要
（当該施設を変更する場合も許可を受ける必要）

指定数量以上の危険物については、３つの観点からの規制を設けている

①ハード基準

○位置
・（学校、病院等からの）保安距離→延焼防止、避難等のため
・（危険物施設内の）保有空地→消防活動及び延焼防止のため

○構造
・材質・強度等
例…タンクの板厚

○設備
・配管等
・消火設備等

②ソフト基準

○貯蔵・取扱い
・火気使用制限
・立入制限
・漏れ、あふれ又は飛散させない

③保安体制

○危険物取扱者
危険物施設における危険物の取扱いは、危険物取扱者が行うか、危険物取扱者が立ち会うことが必要

○事業所の規模等に応じて
・危険物保安統括管理者
・危険物保安監督者
・危険物施設保安員
・予防規程
・自衛消防組織　　が必要

↓

火災の予防、火災による被害の軽減→**国民の生命・身体・財産の保護、社会福祉の増進**

消防法は、指定数量以上の危険物に様々な規制をしています。一方、指定数量未満でも指定数量５分の１以上の場合は少量危険物として市町村などの火災予防条例により届出義務などがあります。

出典：「危険物規制の概要」（消防庁）（https://www.fdma.go.jp/singi_kento/kento/items/kento090_08_sanko_01_01.pdf）

これも知っておきたい！

指定数量の例

第四類（引火性液体）の指定数量の例を挙げると次の通り。
・ガソリン、トルエン、ベンゼンなど（第一石油類・非水溶性）：二〇〇ℓ
・灯油、軽油、キシレンなど（第二石油類・非水溶性）：一〇〇〇ℓ
・重油など（第三石油類・非水溶性）：二〇〇〇ℓ

指定可燃物

危険物規制とは別に、指定可燃物への規制もある。
二㎥以上の可燃性液体類や二〇㎥以上の合成樹脂類（発泡）などは指定可燃物として、届出や貯蔵・取扱い等の基準遵守が義務付けられている。

安衛法①

安衛法の化学物質規制

安衛法の化学物質規制

労働安全衛生法（安衛法）は、労働災害を防ぎ、安全衛生管理体制の整備を事業者へ義務付けています。

その上で、労働者の危険・健康障害防止措置、機械等・危険物・有害物規制、労働者の就業措置、健康保持増進措置、快適な職場環境形成措置などの規定が整備されています。

このうち、主な化学物質規制としては、所定の化学物質について、名称等の表示（ラベル表示）、ＳＤＳの交付、リスクアセスメントを義務付けています。

事業者は、機械、器具その他の設備による危険等の防止、労働者の健康障害防止に必要な措置を実施しなくてはなりません。

雇い入れた労働者に安全・衛生教育を実施します（危険・有害な業務の場合は特別の教育）。

有害な業務を行う屋内作業場など政令で定めるものについて、作業環境測定を行い、結果を記録します。

労働者への周知義務もあります。本法等の要旨を作業場に掲示等し、労働者に周知します（通知ＳＤＳも同様）。

さらに本法には、特定化学物質障害予防規則（特化則）や有機溶剤中毒予防規則（有機則）など、様々な下位法令が整備されており、これら規則の対象物質を取り扱っている場合は、規則への遵守も求められます。ただし、労働局長から認められれば規則の適用を除外されます。

ＳＤＳには、適用される法規制が記載されています。実務上は、化学物質を取り扱う前に、そのＳＤＳを確認する手順を徹底することが求められます。

「自律的な管理」へ改正

令和四年五月、本法規則等が改正され、五年四月から新たな化学物質規制が段階的に開始されています。

図表の通り、ラベル・ＳＤＳの伝達や、リスクアセスメントの実施義務の**対象物質が大幅に増加**します。また、所定の化学物質のばく露濃度基準の遵守、保護具の使用、**化学物質管理者**選任などの体制整備などが義務付けられます。

安衛法の化学物質規制の変更

これまでの化学物質規制

措置	物質	物質数
製造・使用等の禁止	石綿等 管理使用が困難な物質	8物質
特化則・有機則等に基づく **個別具体的な措置**	自主管理が困難で有害性が高い物質	123物質 / 674物質（ラベル・SDS・リスクアセスメント義務）
一般的な措置義務 **（具体的な措置基準なし）**	許容濃度又はばく露限界値が示されている危険・有害な物質	
	GHS分類で危険有害性がある物質	数万物質
	GHS分類で危険有害性に該当しない物質	

見直し後の化学物質規制

有害性に関する情報量

約2,900物質（国がモデルラベル・SDS作成済みの物質）

国のGHS分類により危険性・有害性が確認されたすべての物質

- ラベル・SDSによる伝達**義務**
- リスクアセスメント実施**義務**
- ばく露を基準以下とする**義務**
- ばく露を最小限度にする**義務**

数万物質

国によるGHS未分類物質

- ラベル・SDSによる伝達努力義務
- リスクアセスメント実施努力義務
- ばく露を最小限度にする努力義務

適切な保護眼鏡、保護手袋、保護衣等の使用**義務**・努力義務

「自律的な管理」を基軸としつつも、様々な義務が発生します。

出典：リーフレット「職場における新たな化学物質規制が導入されます」（厚生労働省）

これも知っておきたい！

対象物質の大幅増加

ラベル・SDSの伝達や、リスクアセスメントの実施義務の対象物質は、令和六年四月に改正前の約六七〇物質に二三四物質が追加される。その後順次追加され、約二九〇〇物質に拡大される見込みだ。

化学物質管理者

令和六年四月からはリスクアセスメント対象物を製造・取扱い・譲渡提供する事業者に、化学物質管理者の選任が義務化される。

特に対象物を製造する事業場の場合、専門的講習の修了者を選任しなければならない。

安衛法②

化学物質リスクアセスメント

規制対象の広さに注意

リスクアセスメントとは

労働安全衛生法（安衛法）の化学物質リスクアセスメントは、平成二八年六月施行の改正法によって導入された義務です。

「リスクアセスメント」とは、化学物質やその製剤の持つ危険性や有害性を特定し、それによる労働者への危険又は健康障害を生じるおそれの程度を見積もり、リスクの低減対策を検討することを指します。

規制が適用される事業者は広範囲に及びます。規制対象物質は、本法のSDS交付義務のある化学物質すべてとなります。改正法施行時点で六四〇の物質があり、その後も増えています。こうした化学物質の製造・取扱いを行うすべての事業場が対象となります。

リスクアセスメントは、図表の通り五つのステップで進めます。

まず、化学物質などによる危険性や有害性を特定します。具体的には、SDS等によって確認することになります。

次に、特定された危険性や有害性によるリスクを見積もります。見積もる方法として、厚生労働省の指針等において、様々なものが示されています。

そして、リスクの見積りに基づく**リスク低減措置**の内容の検討を求めています。ここまでが狭義のリスクアセスメントとして位置付けられています。

本法では、その後、リスク低減措置の実施を努力義務で定めるとともに、リスクアセスメントの結果を労働者に周知することも義務付けています。

リスクアセスメントの実施時期

本法では次の場面でリスクアセスメントの実施を義務付けています。

①対象物を原材料などとして新規に採用したり、変更したりするとき

②対象物の製造・取扱業務の作業方法や作業手順を採用・変更するとき

③右記のほか、対象物の危険性・有害性などに変化が生じたとき等（新たな危険有害性の情報が、SDS等で提供された場合など）

安衛法の化学物質リスクアセスメントの流れ

ステップ1	**化学物質などによる危険性または有害性の特定**	（本法57条の3第1項）
ステップ2	特定された危険性または有害性による **リスクの見積り**	（安衛則34条の2の7第2項）
ステップ3	リスクの見積りに基づく **リスク低減措置の内容の検討**	（本法57条の3第1項）
ステップ4	**リスク低減措置の実施**	（本法57条の3第2項 努力義務）
ステップ5	**リスクアセスメント結果の労働者への周知**	（安衛則第34条の2の8）

ステップ1〜ステップ3：リスクアセスメント

安衛法の化学物質リスクアセスメントに関する対策は、5つのステップで進められます。

出典：「労働災害を防止するためリスクアセスメントを実施しましょう」（厚生労働省）
（https://www.mhlw.go.jp/file/06-Seisakujouhou-11300000-Roudoukijunkyokuanzeneiseibu/0000099625.pdf）

これも知っておきたい！

リスクアセスメントの低減措置

次の優先順位で検討することが求められている。

①危険性・有害性のより低い物質への代替、運転条件変更など
②安全装置二重化など工学的対策、局所排気装置の設置など衛生工学的対策
③作業手順の改善、立入禁止などの管理的対策
④有害性に応じた有効な保護具の使用

指針の努力義務

「化学物質等による危険性又は有害性等の調査等に関する指針」（平成二七年九月一八日公示）では、本文の実施時期だけでなく、過去にリスクアセスメントを実施したことがないときなども実施することを努力義務として定めている。

化学物質・安全衛生等

水俣条約と水銀規制

水銀使用製品産業廃棄物への規制

蛍光灯も規制対象

水俣条約と新・水銀規制

平成二九年八月、「水銀に関する水俣条約」が発効しました。

本条約は、水銀や水銀化合物について、人為的排出から人の健康や環境を保護することを目的としています。水銀の採掘や貿易、使用、排出、廃棄など、水銀のライフサイクル全体を規制しています。

日本も締約国として、大気汚染防止法を改正するとともに、「水銀による環境の汚染の防止に関する法律」を制定するなど、国内の法制度を整備しました。

新・水銀規制のうち、平成二九年一〇月に施行された水銀使用製品産業廃棄物の規制が多くの事業者に関係するものです。

水銀使用製品産業廃棄物とは

水銀使用製品産業廃棄物とは、図表の通り、四三の製品などが産業廃棄物となったものです。蛍光灯（蛍光ランプ）や水銀を含むボタン電池、所定のスイッチ及びリレー、水銀体温計など、事業所から廃棄物として発生しやすい物も数多くリストアップされています。

水銀使用製品産廃を廃棄する際、通常の産廃規制だけでなく、様々な独自の規制措置が定められています。

まず、保管場所では、掲示板に水銀使用製品産廃である旨を記載します。また、他の物と混合するおそれのないように、仕切りを設ける等必要な措置を講じなければなりません。

廃棄する蛍光灯がほかの産廃とまとめて置いてあれば、この規制に抵触してしまうことになるのです。

それだけではありません。処理委託する際には、水銀使用製品産廃を取り扱える産業廃棄物処理業者へ処理を委託することが義務付けられています。

また、契約書には、水銀使用製品産廃を処理委託することを記載します。なお、施行前に締結した契約書については、新たな契約への変更は不要とされました。

さらに、マニフェストに水銀使用製品産廃である旨やその数量の記載を行わなければなりません。

水銀使用製品産業廃棄物

区分①：水銀使用製品のうち表に掲げるもの
区分②：①の製品の組込製品（表に×印のあるものに係るものを除く）
区分③：水銀又はその化合物の使用に関する表示がされている製品

No.	製品	×
1	水銀電池	
2	空気亜鉛電池	
3	スイッチ及びリレー（水銀が目視で確認できるものに限る。）	×
4	蛍光ランプ（冷陰極蛍光ランプ及び外部電極蛍光ランプを含む。以下同じ。）	×
5	HIDランプ（高輝度放電ランプ）	×
6	放電ランプ（蛍光ランプ及びHIDランプを除く。）	×
7	農薬	
8	気圧計	
9	湿度計	
10	液柱形圧力計	
11	弾性圧力計（ダイアフラム式のものに限る。）	×
12	圧力伝送器（ダイアフラム式のものに限る。）	×
13	真空計	×
14	ガラス製温度計	
15	水銀充満圧力式温度計	×
16	水銀体温計	
17	水銀式血圧計	
18	温度定点セル	
19	顔料	×
20	ボイラ（二流体サイクルに用いられるものに限る。）	
21	灯台の回転装置	
22	水銀トリム・ヒール調整装置	
23	放電管（水銀が目視で確認できるものに限り、放電ランプ（蛍光ランプ及びHIDランプを含む。）を除く。）	×
24	水銀抵抗原器	
25	差圧式流量計	
26	傾斜計	
27	水銀圧入法測定装置	
28	周波数標準機	×
29	ガス分析計（水銀等を標準物質とするものを除く。）	
30	容積形力計	
31	滴下水銀電極	
32	参照電極	
33	水銀等ガス発生器（内蔵した水銀等を加熱又は還元して気化するものに限る。）	
34	握力計	
35	医薬品	
36	水銀の製剤	
37	塩化第一水銀の製剤	
38	塩化第二水銀の製剤	
39	よう化第二水銀の製剤	
40	硝酸第一水銀の製剤	
41	硝酸第二水銀の製剤	
42	チオシアン酸第二水銀の製剤	
43	酢酸フェニル水銀の製剤	

注）NO.19の顔料は、塗布されるものに限り×印に該当する

水銀使用製品産業廃棄物は、蛍光灯など、多くの事業者が排出する可能性のあるものも含まれるため、十分な注意が必要です。

「水銀による環境の汚染の防止に関する法律等の概要」（https://www.env.go.jp/chemi/tmms/law/setumei01.pdf）及び「水銀廃棄物ガイドライン（第３版）」（環境省）をもとに筆者作成

これも知っておきたい！

水銀廃棄物規制の全体像

新・水銀廃棄物規制は、水銀使用製品産業廃棄物の規制だけではない。次の二つの規制にも注意が必要である。

①廃水銀等…研究所などの特定施設において生じた廃水銀又は廃水銀化合物や、水銀が含まれている物又は水銀使用製品産廃から回収した廃水銀を指す。これらは特別管理産業廃棄物として厳しく規制される。

②水銀含有ばいじん等・水銀を含む特別管理産業廃棄物…ばいじん、燃え殻、汚泥、鉱さい、廃酸、廃アルカリで、水銀を一定以上含有するものを指し、通常の産廃よりも厳しく規制される。水銀の含有量や排出施設等に応じて特別管理産業廃棄物に該当するものもある。

放射性物質特措法

原発事故の放射性物質対策

汚染廃棄物と除染の対策

汚染廃棄物の処理

放射性物質特措法の正式名称は長く、「平成二十三年三月十一日に発生した東北地方太平洋沖地震に伴う原子力発電所の事故により放出された放射性物質による環境の汚染への対処に関する特別措置法」と言います。

その名の通り、福島第一原子力発電所事故による放射性物質対策のための法律です。

対策の基本方針等を設定するほか、主に、図表のように、放射性物質により汚染された廃棄物の処理と土壌等の除染について定めています。

汚染廃棄物の処理では、まず、環境大臣が、旧警戒区域など、特別管理の必要な地域を指定しています。そして、その地域における廃棄物の処理等に関する計画を策定し、国が処理します。

一方、それ以外の地域で汚染状態が一定の基準（一kg当たり八〇〇〇Bq）を超えるものについては「指定廃棄物」として指定し、やはり国が処理します。

八〇〇〇Bqを下回る廃棄物の処理については、廃棄物処理法の規定が適用されます（原則）。

このように、「汚染廃棄物」と一言で言っても複数の種類とそれに応じた対策があります。

除染対策も定める

土壌等の除染では、まず、環境大臣が、国による除染等の措置等を実施する必要がある地域を指定し（旧警戒区域など）、除染の計画を策定・実施します。

一方、環境大臣は、それ以外の地域であって、汚染状態が要件に適合しないと見込まれる地域を「汚染状況重点調査地域」に指定します。これは、毎時〇・二三μSv（年一mSv相当）以上の区域であり、福島県の中通りや北関東などの一部が幅広く指定されています（一部解除もあり）。

都道府県知事等は、その区域における汚染状況の調査結果等により、除染等の計画を策定し、国、都道府県、市町村等が除染等を行います。

放射性物質特措法の概要（イメージ）

目的は汚染対処、健康・環境影響を速やかに低減。国などの責務、基本方針等策定

汚染廃棄物の処理

<対策地域外>

◇汚染レベル高
（8000Bq/kg超）
→国が指定、処理
（指定廃棄物）

◇汚染レベル低
→廃棄物処理法適用

汚染土壌の除染

<対策地域外>

◇汚染レベル高
→知事等が計画
都道府県・市町村等が除染※

（※）0.23μSv/時＝1mSv/年以上

<対策地域>
（旧警戒区域＋旧計画的避難区域）

◇国が処理・除染を計画・実施

不法投棄等の禁止
費用負担：国が措置、東電の負担の下

最近の動き

○除染仮置場等の状況（福島県内）
・仮置場等総数1,372カ所のうち、20カ所で除去土壌等を保管中、1,352カ所で搬出が完了し、1,192カ所の仮置場で原状回復が完了。

○中間貯蔵施設への除去土壌等の輸送の進捗状況
・令和5年11月末時点で、約1,373万㎥の除去土壌等（帰還困難区域を含む）を中間貯蔵施設へ搬入。

放射性物質特措法は、福島原発事故で汚染された廃棄物対策と汚染土壌の除染対策を定めているんだ。

対策は進んでいるけど、事故はまだ終わっていないのね。

「データでみる福島再生」（環境省）（http://josen.env.go.jp/plaza/info/data/pdf/data_2312.pdf）をもとに筆者作成

これも知っておきたい！

改正JESCO法

JESCOの正式名称は「中間貯蔵・環境安全事業株式会社」だ。一般の企業には、PCBを処理する国策会社として有名だが、平成二六年法改正により、原発事故で発生した汚染土壌等の中間貯蔵の事業も行っている。

本法三条では、中間貯蔵開始後三〇年以内に福島県外で最終処分を完了することを国の責務として定めている。

事故以外の放射性物質対策

事業所に放射線管理区域を持つなど、福島第一原発事故に由来せずに放射性物質を扱う事業者には、「核原料物質、核燃料物質及び原子炉の規制に関する法律」（原子炉等規制法／炉規法）や「放射性同位元素等の規制に関する法律」（放射性同位元素等規制法／RI規制法）などの法律が適用される。

生物多様性関連法令

生物多様性・土地利用の法令とは？

拡大と深化続ける関連法令

広範囲に及ぶ法令群

自然環境や生物多様性の保全に関連する法令は多種多様であり、現在も拡大と深化を続けています。

図表のように、生物多様性基本法を頂点に、自然環境・生物多様性の保全等を主な目的とする法令がいくつかあります。

そのうち、土地利用の規制等をする法令として、自然環境保全法や自然公園法があります。例えば、自然公園法では、国立公園や国定公園のうち普通地域内で基準を超える工作物の新築や改築等を行う場合は届け出ることが義務付けられています。

また、環境影響評価法（環境アセスメント法）もあります。

一方、動植物の保護に関する規制をする法令として、「鳥獣の保護及び管理並びに狩猟の適正化に関する法律」（鳥獣保護管理法）や、「絶滅のおそれのある野生動植物の種の保存に関する法律」（種の保存法）などもあります。

生物多様性関連法令は、こうした生物多様性保全等を主たる目的とした法令だけではありません。

例えば、森林法があります。また、文化財保護法の中にも、生物多様性保全につながる規定があります。

さらに、工場立地法では、所定の工場における緑地比率の確保を義務付けており、これも関連法と言っていいでしょう。

また、国土整備の法令として、都市計画法や都市公園法、都市緑地法、建築基準法、景観法などがあります。例えば、景観法では、景観計画区域内での建築物等の新築等の行為を行う場合に届出が義務付けられています。これらも生物多様性の保全等に資する法令群と言えるでしょう。

公害対策法令への反映も

既存の公害対策法令の中に、生物多様性に関連した規制が導入される場合もあります。

例えば、水質汚濁防止法の排水基準の項目に亜鉛があり、平成一八年にその排水基準値が強化されました。この規制強化は、国民の健康保護を目的としたものというよりは、水生生物の保全を目的としたものでした。

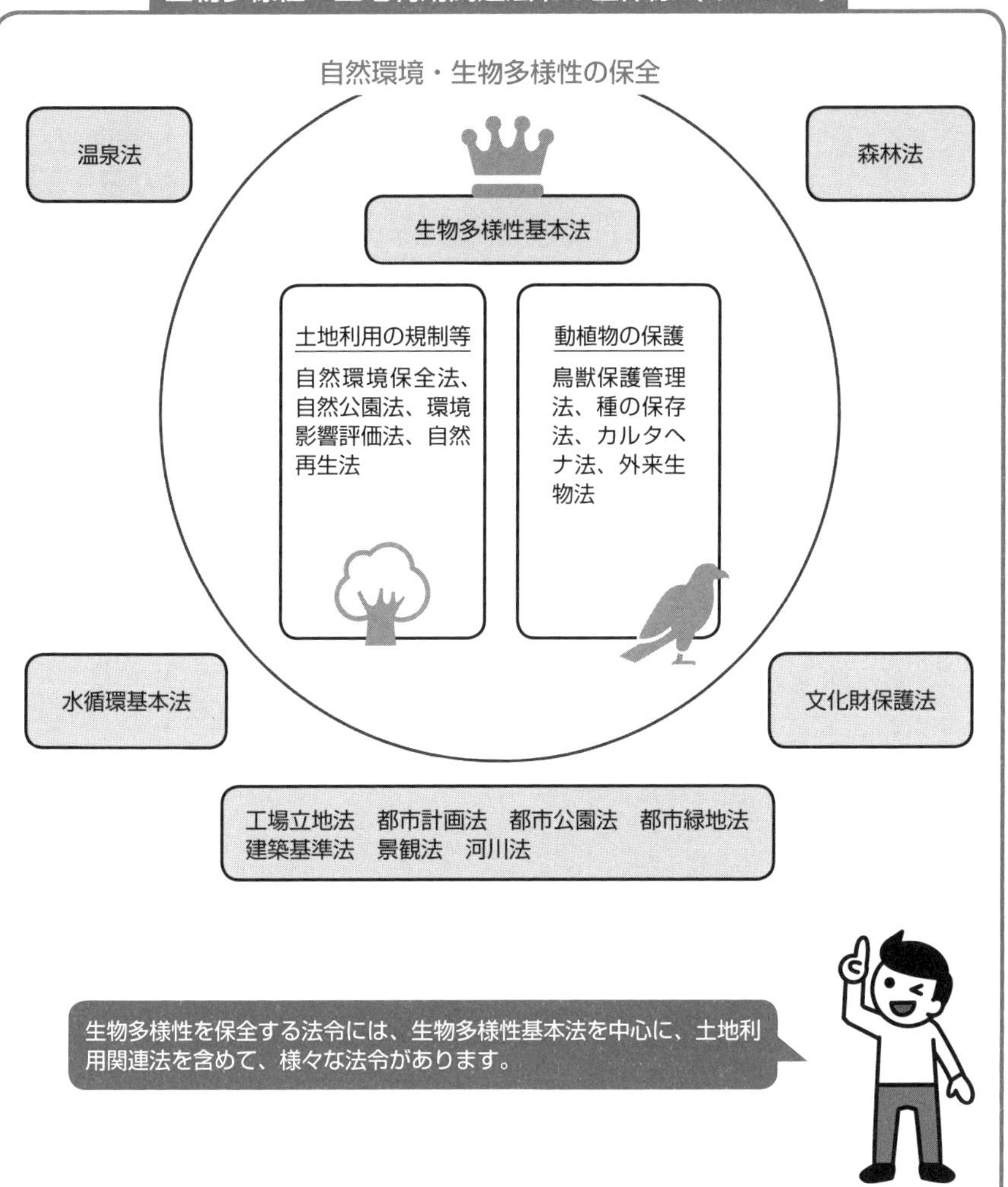

これも知っておきたい！

環境影響評価法

規模が大きく環境影響の程度が著しいものとなるおそれがある事業について環境影響評価の手続きを定める（一五〇ページ参照）。

カルタヘナ法

正式名称は「遺伝子組換え生物等の使用等の規制による生物の多様性の確保に関する法律」。遺伝子組換え生物等を使用等する際に審査を受ける制度などがある。

生物多様性基本法

生物多様性保全の基本原則

事業者の責務規定を押さえる

生物多様性保全の基本原則

生物多様性基本法は、生物の多様性の保全と持続可能な利用について、基本原則や関係者の責務を定めるとともに、施策の基本事項を定めています。

政府は、生物多様性国家戦略を定めます。国は、地域の生物多様性の保全、外来生物等による被害の防止、国土及び自然資源の適切な利用等の推進、生物資源の適正な利用の推進、生物の多様性に配慮した事業活動の促進などを行います。

生物多様性保全の基本原則では、図表のように、まず、生物の多様性の保全は、野生生物の種の保全等が図られるとともに、多様な自然環境が地域の自然的社会的条件に応じて保全されることを原則の一つに挙げています。

また、生物の多様性の利用については、生物の多様性に及ぼす影響が回避され又は最小となるよう、国土及び自然資源を持続可能な方法で利用することも求めています。

さらに、科学的知見の充実に努めつつ、予防的な取組方法や順応的な取組方法により対応することも求めています。これは、自然には科学的に解明されていない事象が多く、かつ一度損なわれた生物の多様性を再生することが困難であるためです。

このほか、長期的な観点から生態系等の保全及び再生に努めることや、生物多様性の保全等が地球温暖化の防止等に資するとの認識を持つことも求めています。

事業者の責務

本法は基本法であり、事業者への規制事項を定めたものではありません。ただし、事業者の責務について定めています。

本法六条では、事業者に対して、事業活動を行うに当たって、事業活動が生物の多様性に及ぼす影響を把握するとともに、他の事業者その他の関係者と連携を図りつつ生物の多様性に配慮した事業活動を行うこと等により、生物の多様性に及ぼす影響の低減及び持続可能な利用に努めるものとするという責務を定めています。

生物多様性基本法の基本原則等

基本原則

生物多様性の保全と持続可能な利用をバランスよく推進

保全　野生生物の種の保全等が図られるとともに、多様な自然環境を地域の自然的社会的条件に応じ保全

利用　生物多様性に及ぼす影響が回避され又は最小となるよう、国土及び自然資源を持続可能な方法で利用

保全や利用に際しての考え方
- 予防的順応的取組方法
- 長期的な観点
- 温暖化対策との連携

事業者の責務

事業活動を行うに当たっては、
生物の多様性に及ぼす影響の低減及び持続可能な利用に努める

⇒ ①事業活動が生物の多様性に及ぼす影響を把握
②他の事業者などと連携しつつ、生物の多様性に配慮した事業活動を行う　など

生物多様性基本法は、生物多様性の保全とともに、持続可能な利用も掲げているんだ。

予防的な取組方法など、開発事業などで参考になる考え方が示されているのね。

「生物多様性をめぐる最近の動向について」（環境省）（https://www.env.go.jp/council/12nature/y120-11/mat04.pdf）をもとに筆者作成

＋これも知っておきたい！

生物多様性

本法二条一項では、「様々な生態系が存在すること並びに生物の種間及び種内に様々な差異が存在することをいう」と定める。一般には、①生態系の多様性、②種の多様性、③遺伝子の多様性を総称して生物多様性と呼ばれることが多い。

生物多様性保全条例

生物多様性保全の法規制では、自治体の動きも活発だ。

あきる野市（東京都）の生物多様性保全条例では、希少野生動植物種保護区域での建築物の新築等を許可制としている。

神戸市の生物多様性保全条例では、事業者が緑化する際に、園芸スイレンやホテイアオイなど外来種の使用制限をする努力義務規定もある。

環境影響評価法

大規模開発事業が対象

一三種類の事業が該当

環境アセスメントの手続き

環境影響評価（環境アセスメント）とは、開発事業を実施する前に、事業の環境影響を、あらかじめ事業者自ら調査・予測・評価を行うという制度です。

その結果を公表し、一般の人々や地方自治体などから意見を聴き、それを踏まえて事業計画を作り上げようというものです。

この手続きを定めた法律が、環境影響評価法（環境アセスメント法）です。

対象事業の種類は一三あり、①道路（高速道路等）、②ダム等、③鉄道、④飛行場等、⑤発電所、⑥廃棄物最終処分場、⑦水面の埋立て等、⑧土地区画整理事業、⑨新住宅市街地開発事業、⑩工業団地造成事業、⑪新都市基盤整備事業、⑫流通業務団地造成事業、⑬宅地の造成の事業――となります。

令和元年七月、本法施行令が改正され、前述の⑤に対象が追加されました。出力四万kW以上の太陽電池発電所の工事を第一種事業とし、三万kW以上四万kW未満の工事を第二種事業としました。

なお、これとは別に港湾環境アセスメントがあります。

この一三種類に該当する事業のうち、免許等が必要な事業などが対象になります。

第一種、第二種事業とは

規模が大きく環境に大きな影響を及ぼすおそれがある事業は「第一種事業」とされ、必ず環境アセスメントを行います。火力発電所の場合であれば、出力一五万kW以上が該当します。

一方、第一種事業に準ずる規模の事業を「第二種事業」として定め、手続きを行うかどうかが個別に判断されます（**スクリーニング**）。火力発電所の場合、出力一一・二五万kW～一五万kW未満が該当します。

対象事業を実施しようとする事業者は、①計画段階の環境配慮、②アセスの方法の決定（**スコーピング**）、③アセスの実施、④アセス結果の意見聴取、⑤アセス結果の事業への反映、⑥環境保全措置の結果の報告・公表――の各種手続きを行います。

環境アセスメントの対象となる事業

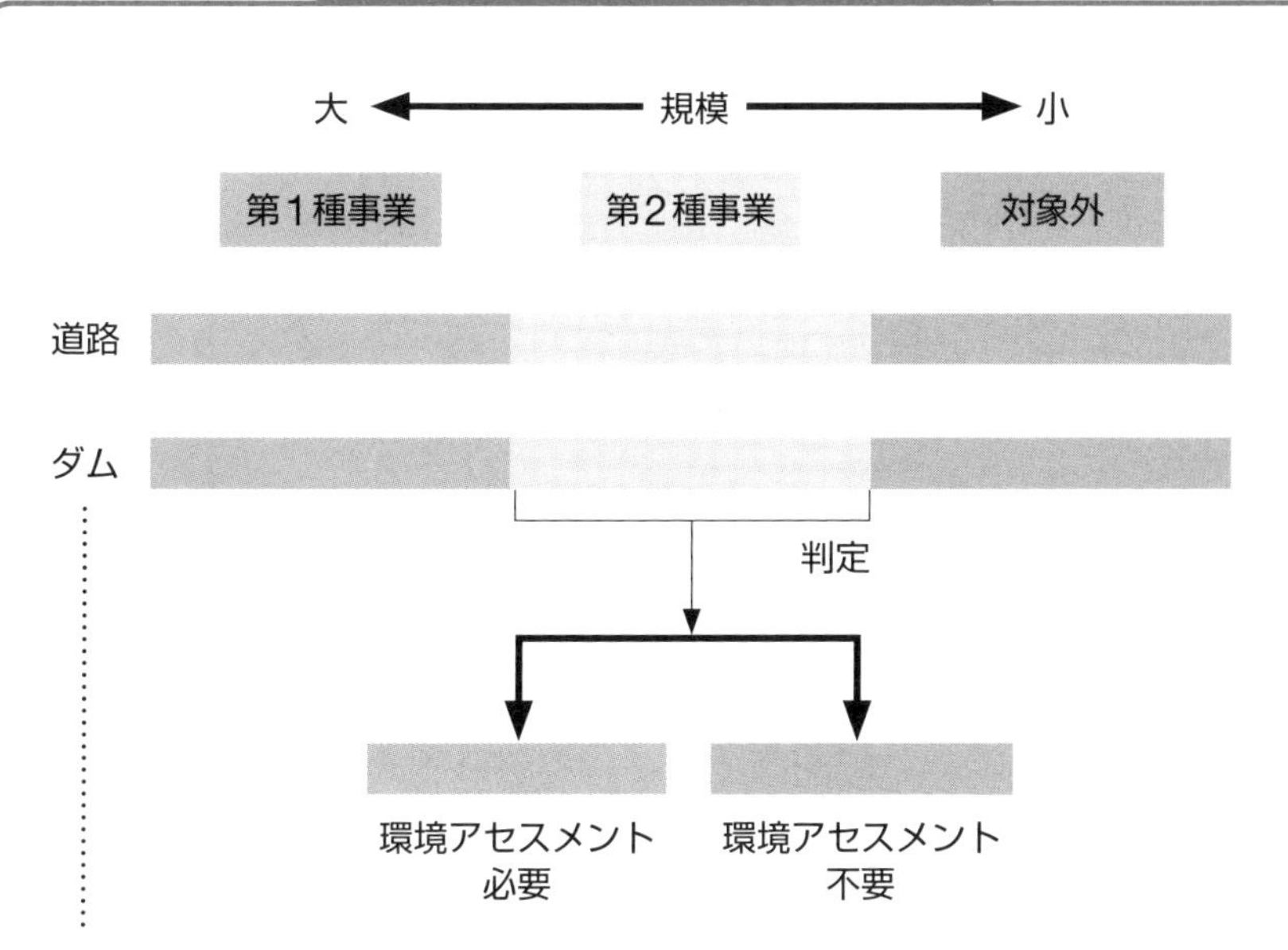

本法の対象は、道路、ダム、鉄道、空港、発電所などの13種類の事業で、国の免許等が必要な事業などです。

出典：「環境アセスメント制度のあらまし」（環境省）（http://assess.env.go.jp/files/1_seido/pamph_j/pamph_j.pdf）

これも知っておきたい！

スクリーニング

第一種事業に準じる大きさの事業となる第二種事業について、環境アセスメントの実施の有無を個別に判定する手続きのこと。事業の免許を行う者などが、都道府県知事の意見を聴き、判定基準に基づき行う。

スコーピング

地域に応じた環境アセスメントの方法を決定するため、住民などの一般の人々や自治体などの意見を聴く手続きのこと。

事業者が作成する環境影響評価方法書の縦覧や説明会が開催され、都道府県知事等の意見を踏まえて、環境アセスメントの方法が決定される。

工場立地法

工場緑地規制のポイント

継続的に緑地比率等の管理を

工場立地法の概要

工場立地法は、工場立地が環境の保全を図りつつ適正に行われるようにするため、工場立地の調査や緑地等の比率を定めている法律です。

具体的には、「特定工場」を立地しようとする事業者は、市区町村へ届出を行うとともに、工場の敷地面積に対する生産施設や緑地等の面積の割合を定めた準則を遵守することが義務付けられています。

届出内容が準則不適合の場合は、市区町村から勧告、変更命令が行われることになります。

対象となる「特定工場」とは、次のいずれにも該当する工場です。

①**業種**…製造業、電気・ガス・熱供給業者（水力、地熱及び太陽光発電所を除く）

②**規模**…敷地面積九〇〇〇㎡以上又は建築面積三〇〇〇㎡以上

緑地面積の割合などを規定

本法四条に基づき、「工場立地に関する準則」が公表されています。特定工場は、この準則等で示された三つの基準を遵守しなければなりません。準則は、まず、敷地面積に対する生産施設の面積の割合の上限として、業種によって三〇％から六五％と定めています。

次に、敷地面積に対する緑地面積の割合の下限として、二〇％と定めています。市区町村が準則を定めた場合などは割合が変更することもあります。

さらに、敷地面積に対する「環境施設」面積（緑地を含む）の割合の下限として、二五％と定めています。これも、市区町村が準則を定めた場合などは割合が変更されます。

「環境施設」とは、緑地及びこれに類する施設で工場・事業場の周辺の地域の生活環境の保持に寄与するもので、噴水、水流、池その他の修景施設、広場、雨水浸透施設、太陽光発電施設などを指します。

このような規制があるにもかかわらず、工場内の工事等によって緑地比率が準則の基準を下回るような事態を時折見かけます。工場内の緑地面積等の管理を継続的に行うことが求められます。

工場立地法の概要

目的	工場立地が環境の保全を図りつつ適正に行われるよう、工場立地に関する調査を実施し、準則等を公表し、勧告、命令を行うことで、国民経済の健全な発展と国民の福祉の向上に寄与すること。
対象工場	◆業種：製造業、ガス供給業、熱供給業、電気供給業（水力、地熱、太陽光発電所は除く） ◆規模：敷地面積 9,000㎡以上 又は 建築面積 3,000㎡以上
届出義務	生産施設面積や緑地の整備状況について、工場が立地している市区町村に対し届出。（届出から90日間は着工不可。但し、市区町村の判断で短縮可。）

準則の内容

※市区町村は、国が定める準則に代えて、地域の実情に応じ、準則を定める条例の制定が可能。

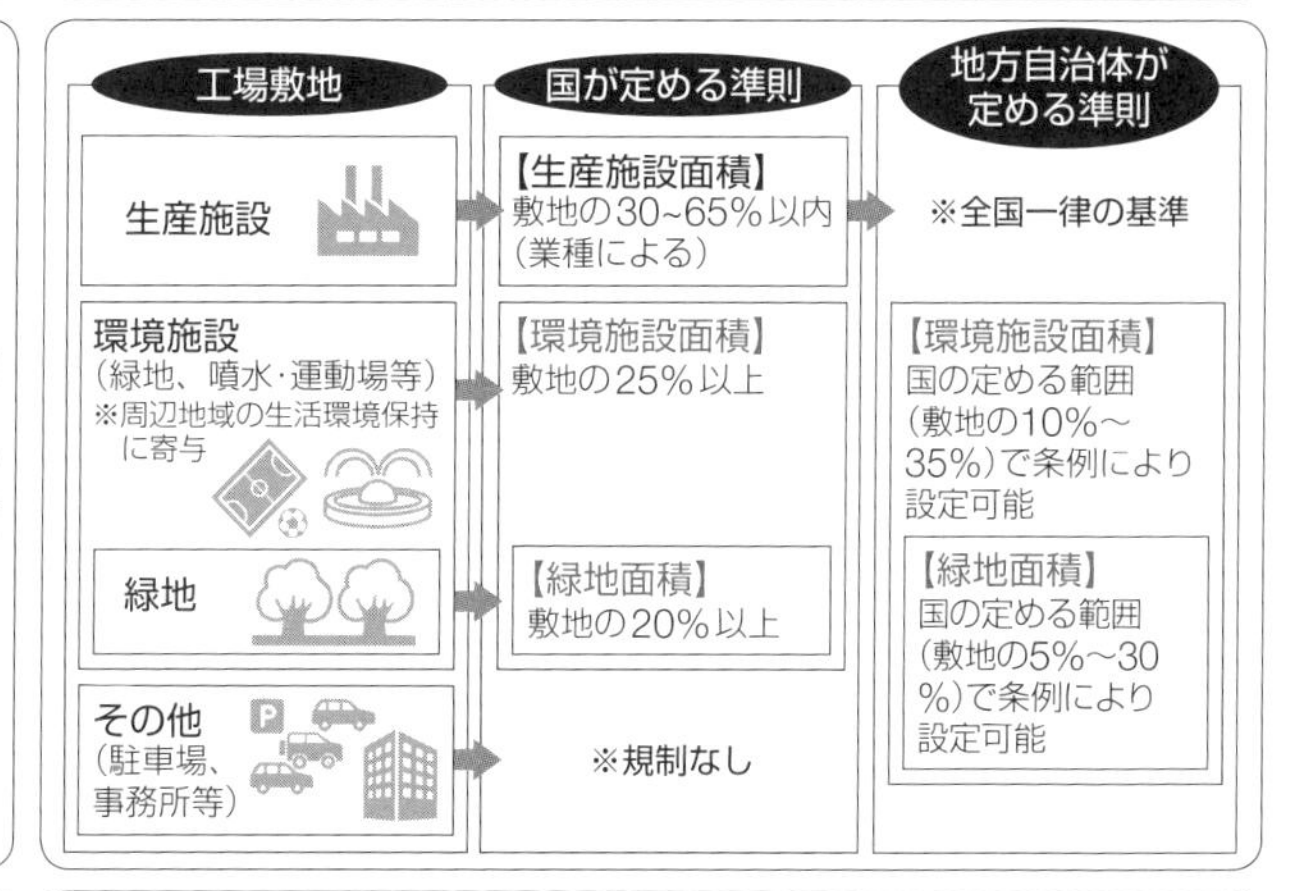

勧告・変更命令 罰則	規制（準則）に適合しない場合、是正の勧告を実施。勧告に従わない場合は、変更命令を実施。 変更命令に違反した場合等に、罰則規定あり。

工場立地法は、大規模な工場に対して、生産施設、環境施設、緑地の面積の上限又は下限を設けています。

出典：「工場立地法の概要」（経済産業省）（https://www.meti.go.jp/policy/local_economy/koujourittihou/images/202202koujourittihougaiyou.pdf）

これも知っておきたい！

昭和四九年以前の設置工場

工場立地法が施行された昭和四九年以前に設置されている工場については、施行後に設置された工場と同じ内容の準則は適用されない。生産施設の増設等をする場合、算出される緑地等を整備することが求められる。

特例措置

地域未来投資促進法や総合特別区域法、東日本大震災復興特別区域法により、緑地面積比率等の特例措置がある。例えば、地域未来投資促進法では、国の同意を得た市区町村が対象地域内の緑地面積比率を一〜二〇％未満の範囲で独自に設定することができる。

COLUMN

■「汚染防止の視点」を忘れない

ある工場を訪れたときのこと。建屋の角にドラム缶が置いてありましたが、表示もなく、中身がわかりません。蓋を開けると、ドロリとした液体が半分くらい入っています。ドラム缶は砂利の上に置かれ、よく見ると、黒っぽい液体が砂利に染み出しているように見えました。

私は心配になり、「これが廃棄物だとすれば、産廃の保管場所に該当します。しかし、廃棄物処理法の定める掲示板がありません。廃液が地下に浸透しているおそれもあるようです。法令違反のおそれがありませんか？」と言いました。すると責任者の方が、「ここは仮置き場であって産廃保管場ではありません」と言われました。

廃棄物処理法には、「仮置き場」という用語はありません。一般に、工場等において短期間の間に物を置いておく行為はよく見られるものの、例えば、その「仮置き場」において飛散･流出等のトラブルが生じた場合、行政当局に「ここは産廃保管場ではない」と言い切れるものでしょうか。筆者には疑問です。「仮置き場」の概念を認める場合でも、不適正処理を防ぐ管理手順を明確に定めるべきです。環境法の理念に立ち返り、「汚染が生じるおそれがないか」という点から対応方法を検討すべきだと筆者は思います。

環境法に対応する仕組みづくりについては、拙著**『企業と環境法　～対応方法と課題』**（法律情報出版・平成30年）、拙著**『企業事例に学ぶ環境法マネジメントの方法ー25のヒントー』**（第一法規・令和５年）があります。

Unit 3

これで怖くない！ 環境法対応

仕組みづくり①

仕組みがあっても形骸化で失敗

PDCAをきちんとまわす

PDCAによる環境法対応

ISO14001やエコアクション21などを活用し、環境マネジメントシステム（EMS）を構築・運用する中で、「PDCAサイクル」により、環境法対応の仕組みも整備している企業は多くあります。PDCAの基本的な仕組みは次の通りです。

①計画（Plan）…計画をつくる。
②実行（Do）…計画通り実施する。
③チェック（Check）…計画通り実行したかチェックする。
④見直し（Act）…計画通り実行し、チェックするプロセスや結果を踏まえて、次のステージに向けて見直す。

PDCAモデルに環境法対応を落とし込むと、まず、「P」では、自社に適用される環境法の規制がどのようなものかを把握することになります。多くの企業では、「法規制登録簿」などと呼ぶ、適用規制をまとめた一覧表を作成していることでしょう。

次に「D」では、それに基づき、環境法対応を行い、「C」では、順守評価を行います。「A」では、環境法の対応状況全般について適切・有効であったかを判断します。

形骸化するPDCA

ところが、こうした企業においても環境法に逸脱するトラブルが散見されます。それは、PDCAの各段階で活動が形骸化していることが少なくないからです。

例えば、図表のように、「P」では、法規制の一覧表を作成しているものの、あまりにも分厚い一覧表であり、利用しづらいものが散見されます。

「D」では、法規制に対応する部門に手順書があっても、現場では実際は利用していないことがあります。

「C」では、順守評価を行っているものの、評価者が何を根拠に「○」と評価しているのか不明な場合があります。

「A」では、環境法の対応にISO事務局等が力量不足などで不安であるにもかかわらず、経営層にそれが伝わっていないことがあります。

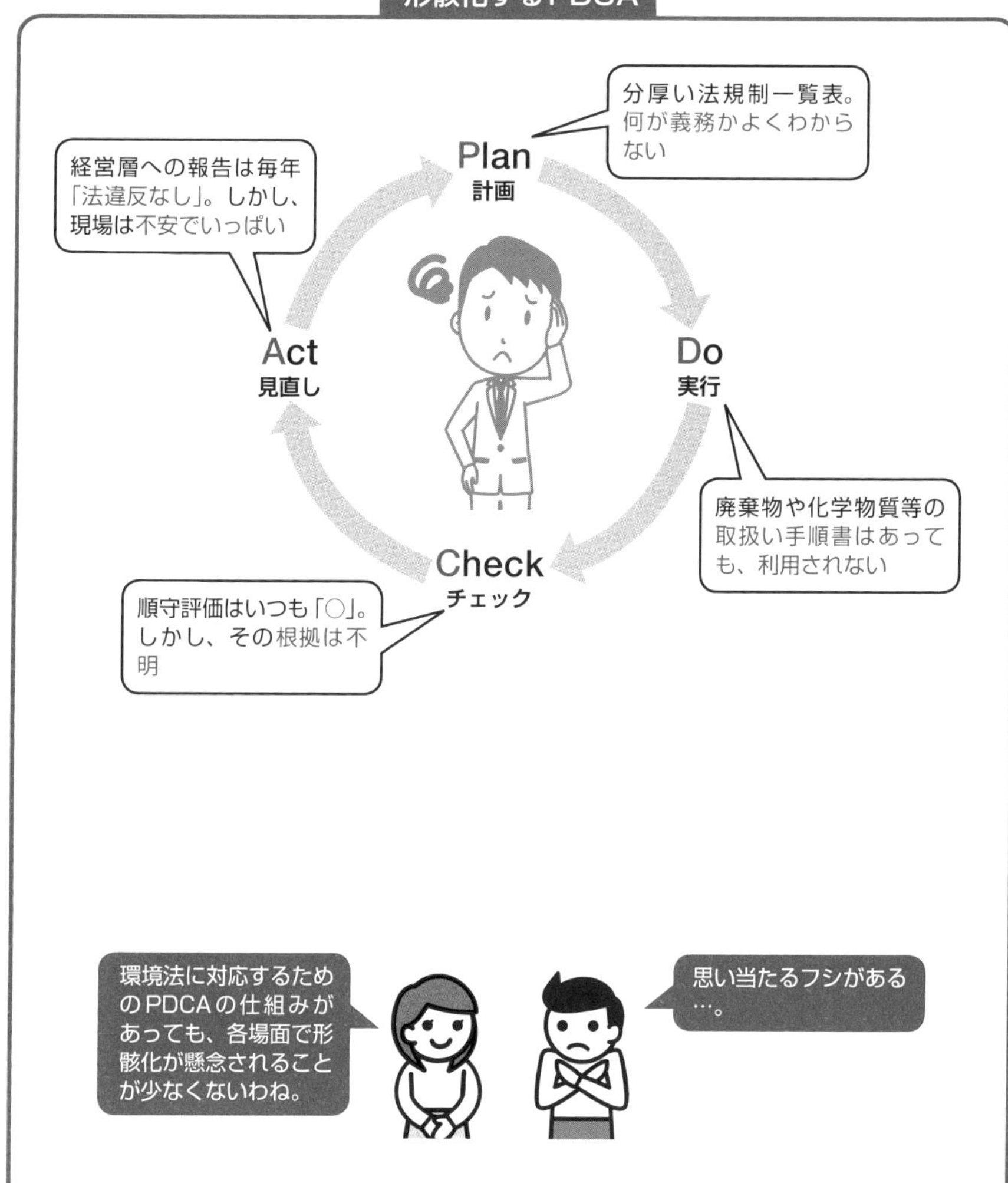

これも知っておきたい！

PDCAモデル

ISO14001では、PDCAモデルについて、「継続的改善を達成するために組織が用いる反復的なプロセス」と位置付け、次のように説明している。

①Plan…組織の環境方針に沿った結果を出すために必要な環境目標及びプロセスを確立する。

②Do…計画通りにプロセスを実施する。

③Check…コミットメントを含む環境方針、環境目標及び運用基準に照らして、プロセスを監視し、測定し、その結果を報告する。

④Act…継続的に改善するための処置をとる。

仕組みづくり②
ＰＤＣＡでまわす環境法対応

改正ＩＳＯに
ヒントあり！

ＩＳＯのＰＤＣＡ

ＩＳＯ１４００１は二〇一五（平成二七）年に大幅改正されています。

その新たなＰＤＣＡサイクルに組み込まれた環境法対応の仕組みを見ると、対応の形骸化克服に向けたヒントがたくさん詰まっています。

図表のように、まず、「Ｐ」では、「順守義務」（環境関連の法律、条例、地域との協定などを指す）にどのようなものがあるかを参照できるように文書化を求めています。

また、組織の状況や順守義務を踏まえた「リスク及び機会」を決定することも求めています。

「Ｄ」では、順守義務を考慮に入れた目標達成活動を行うとともに、順守義務に関連する力量の確保や外部とのコミュニケーションなどに努めます。

さらに、「Ｃ」では、順守評価を定期的に実施し、問題があれば対応していきます。

「Ａ」では、一連のＰＤＣの実施状況を報告するとともに、順守義務の変化も考慮しながら経営層がレビューします。そして、問題点があれば、対策などを指示し、次のステージに移行させることになります。

リーダーシップの強化へ

こうしたＰＤＣＡに実効性を持たせるために最も大切なものは、ＩＳＯ１４００１の二〇一五年版で強調される「リーダーシップ」ではないかと思われます。

環境法に対応することよりも、売上や利益を重視する企業では、こうした環境法対応の仕組みと運用は形骸化しがちです。

しかし、経営層が法令遵守の徹底を明確に打ち出せば、それに従わない社員は少ないはずです。実は、環境法対応に精力的に取り組む企業の多くには、こうした経営者がいるというのが筆者の実感です。

環境管理責任者やＩＳＯ事務局の立場であれば、自ら法令遵守に動くだけでなく、経営者に法令遵守の必要性を働きかけ、経営者からその徹底を指示させることが、ＰＤＣＡの各段階での実効性を高めることにつながることでしょう。

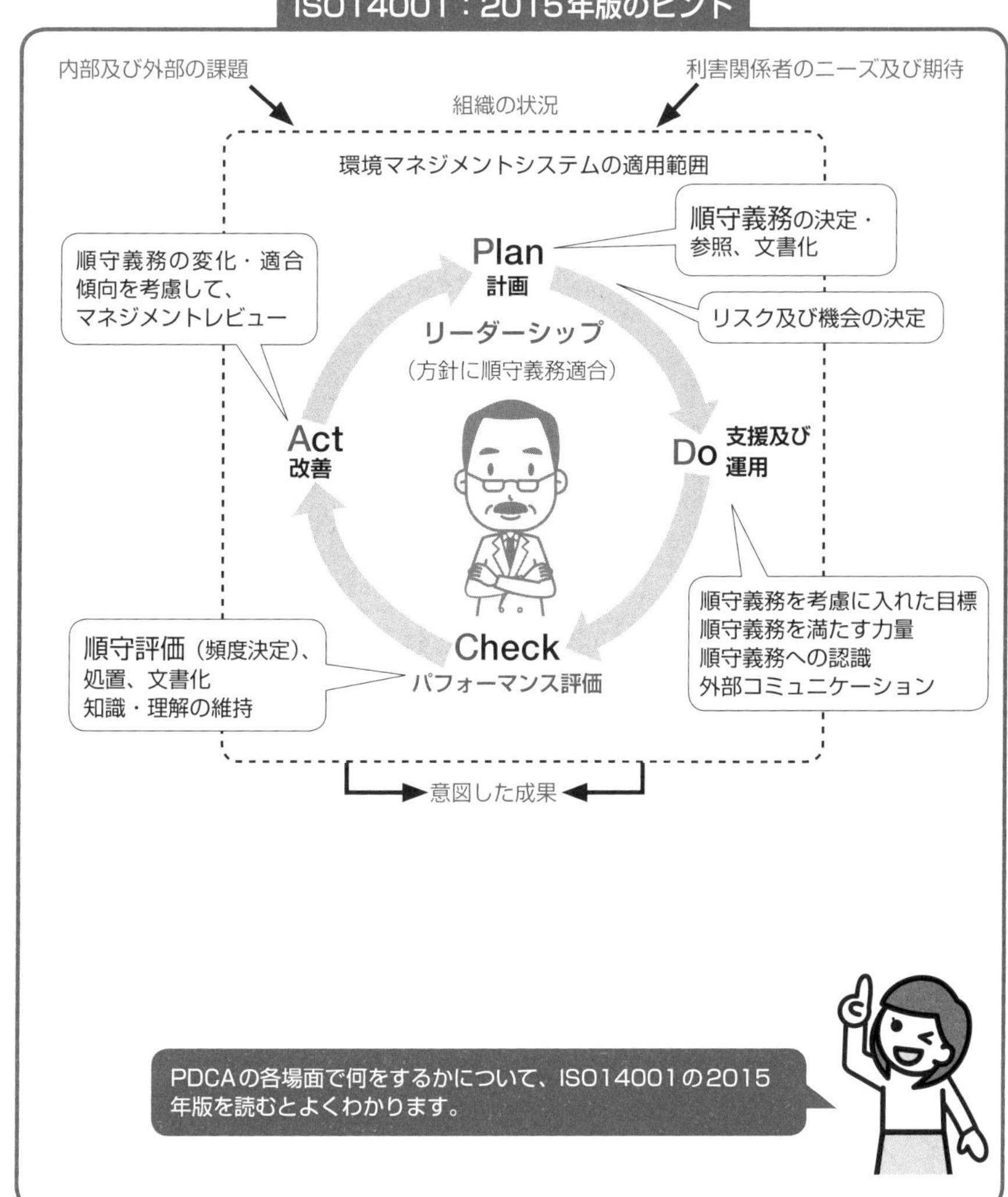

これも知っておきたい！

ISO14001の二〇一五年版

ISOの環境マネジメントシステムの規格である「ISO14001」は、二〇一五年九月に全面改正された。意図した成果として、環境パフォーマンスの向上、順守義務を満たすこと、環境目標の達成などを掲げ、リーダーシップを強調し、本業とEMSの統合を志向している。

二〇一五年版と環境法対応

ISO14001の二〇一五年版により、「順守義務」という新しい用語が登場したが、法令遵守の仕組みについての基本的な変更はない。ただし、組織の状況を踏まえたEMSや順守評価の力量維持を求めたことなどの追加要求事項はある。

ISO14001

「順守義務」とは？

守るべき規制を把握、評価する

順守義務とは

ISO14001における環境法対応の仕組みは、認証未取得企業も、環境法対応の方法のヒントが満載なので、知っておきたいものです。前項に続き、もう少し詳しく説明します。

まずISOでは、「順守義務(compliance obligation)」という用語が登場します。これは、「組織が順守しなければならない法的要求事項、及び組織が順守しなければならない又は順守することを選んだその他の要求事項」と定義されています。

ISOの環境法対応の仕組みの骨格は、「順守義務」(細分箇条6・1・3)と、「順守評価」(9・1・2)です。

6・1・3では、組織(企業)に対して、自らの環境側面に関する順守義務を決定し、参照できるようにすることと、これらの順守義務を組織にどのように適用するかを決定することを求めています。そしてこれらの文書化も求めています。

つまり、自社の事業活動に関係する環境法等の規制事項や対応方法を洗い出し、自らで参照できるようにすることを求めているのです。

多くの認証取得企業は、「法規制登録簿」などと呼ぶ、適用される法規制の一覧表を作成し、運用しています。

順守評価も重要

9・1・2では、組織に対して、順守義務を満たしていることを評価するために必要なプロセスをつくり、運用することを求めています。これが「順守評価」と呼ばれるものです。

その際、頻度を定めて順守評価を行うとともに、その結果、必要な場合には処置をとります。また、順守評価の結果を文書化します。

さらに、順守状況に関する知識及び理解を維持しなければなりません。こうした順守評価への力量維持の要求は、ISOが二〇一五年版で追加したものです。これを受けて、現在、多くの企業で環境法教育が精力的に進められています。

このように、順守義務を明確にして法令遵守に努め、定期的な評価を行う仕組みを本規格は求めています。

ISO14001「順守義務」の概要

順守義務
（compliance obligation）
・従来の「法的及びその他の要求事項」と同じ意味

順守義務
（6.1.3）
・環境側面に関する順守義務を決定、参照
・順守義務を組織にどう適用するか決定

順守評価
（9.1.2）
・順守義務を満たしていることを評価するプロセスを確立・維持
・評価頻度決定、評価実施、順守状況への知識・理解の維持

その他
・順守義務に適合しない意味への認識を持つ（7.3）
・順守義務に従った外部コミュニケーション実施（7.4.3）など

ISO14001の「順守義務」に関する要求事項では、自社に適用される環境法等を参照できるようにするとともに、定期的に評価することを求めています。

＋これも知っておきたい！

その他の要求事項

「順守義務」の中には、「組織が順守しなければならない又は順守することを選んだその他の要求事項」がある。

これには、組織及び業界の標準、契約関係、行動規範、コミュニティグループ又は非政府組織との合意のような、自発的なコミットメントなどが含まれる。

順守義務がもたらす「リスク及び機会」

ISO14001には、「順守義務は、組織に対するリスク及び機会をもたらし得る」との記述がある（6・1・3注記）。この例としては、担当者変更（リスク）や省エネ機器の拡販（機会）などがありうるだろう。

エコアクション21
エコアクションの環境法対応

ＩＳＯと同様の仕組み

エコアクションの概要

中小企業向けの環境マネジメントシステム（ＥＭＳ）として、「エコアクション21」があります。

これは、平成八年に環境省が策定したものであり、これに基づく認証・登録事業者は、七四九七事業者（令和六年一月）となっています。平成二九年には、パリ協定やＥＳＧ投資など新たな動きも踏まえ、中小事業者でも無理なく、環境経営の取組みと本業との統合を図る「ガイドライン二〇一七年版」が公表されました。

エコアクションの仕組みの概要は、図表の通りです。ＩＳＯ１４００１と同様に、ＰＤＣＡモデルに基づく環境活動を求めています。ただし、中小企業などに配慮して、要求事項を一四に絞るなど、ＩＳＯよりも簡易な仕組みになっています。

また、環境経営レポートの作成と公表を求め、活発なコミュニケーションと透明性の向上を図ろうとしている点や、審査員が審査中にコンサルティングを行うことを認めている点も、エコアクションの大きな特徴の一つと言えます。

法令遵守の仕組み

エコアクションの法令遵守の仕組みはＩＳＯ１４００１と似ています。「要求事項５」において、まず、「事業を行うに当たって遵守しなければならない環境関連法規及びその他の環境関連の要求など、並びに遵守のための組織の取組を整理し、一覧表などに取りまとめる」ことを求めています。その上で、「環境関連法規などは常に最新のものとなるように管理する」ものとしています。

守るべき環境法を明確にまとめた上で、経営計画の策定に反映させようとしています。

このように、ＩＳＯ１４００１よりも、行うべきことは簡易かつ具体的ですが、その本質は、両者に異なるものはないと思います。自らに適用される環境法の規制を把握して、それを文書化し、それに基づいて遵守活動を行っていくことは、どの事業者も行うべき活動なのでしょう。

エコアクション21：2017年版の全体像

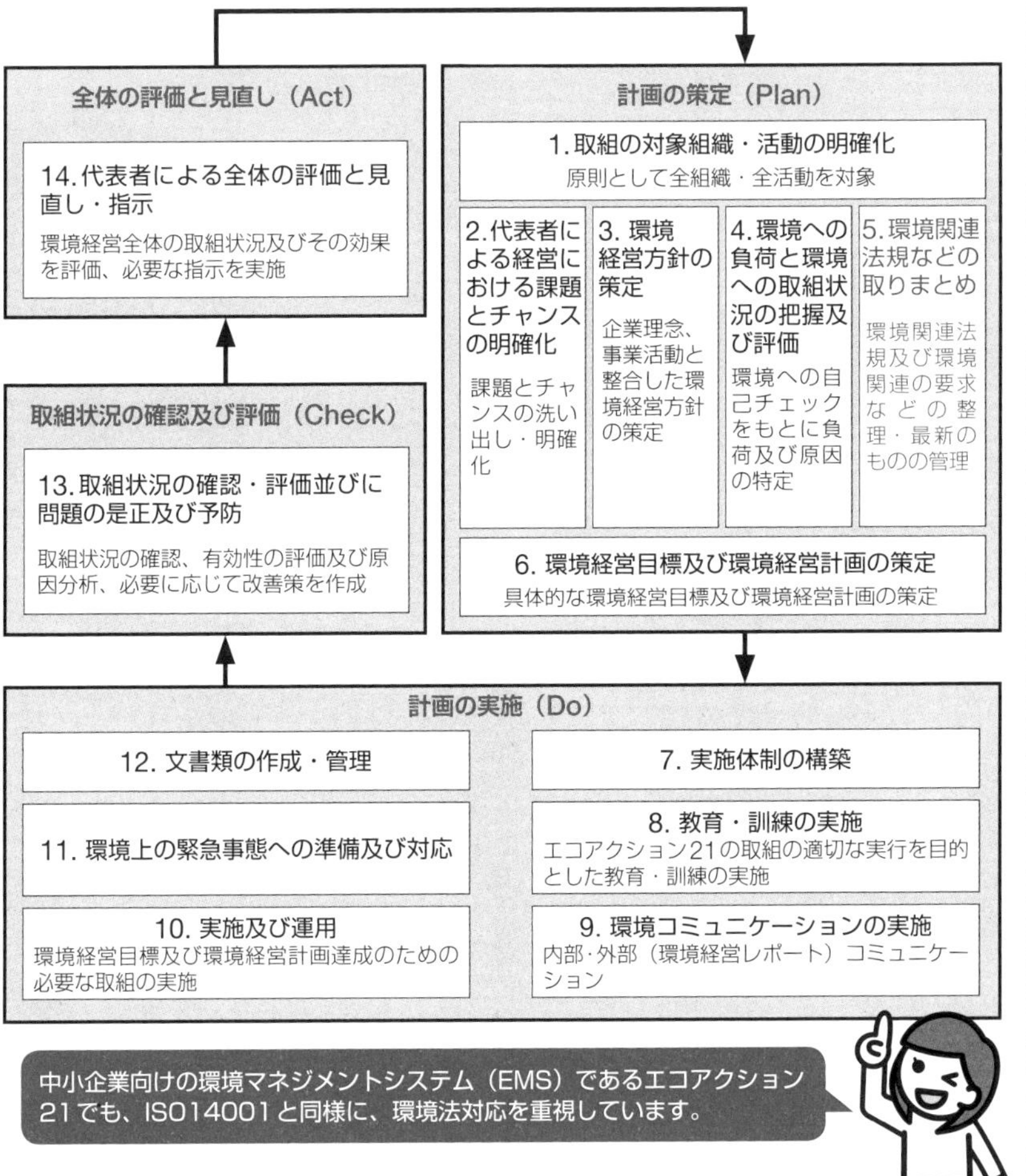

全体の評価と見直し（Act）

14. 代表者による全体の評価と見直し・指示
環境経営全体の取組状況及びその効果を評価、必要な指示を実施

計画の策定（Plan）

1. 取組の対象組織・活動の明確化
原則として全組織・全活動を対象

2. 代表者による経営における課題とチャンスの明確化
課題とチャンスの洗い出し・明確化

3. 環境経営方針の策定
企業理念、事業活動と整合した環境経営方針の策定

4. 環境への負荷と環境への取組状況の把握及び評価
環境への自己チェックをもとに負荷及び原因の特定

5. 環境関連法規などの取りまとめ
環境関連法規及び環境関連の要求などの整理・最新のものの管理

6. 環境経営目標及び環境経営計画の策定
具体的な環境経営目標及び環境経営計画の策定

取組状況の確認及び評価（Check）

13. 取組状況の確認・評価並びに問題の是正及び予防
取組状況の確認、有効性の評価及び原因分析、必要に応じて改善策を作成

計画の実施（Do）

7. 実施体制の構築

8. 教育・訓練の実施
エコアクション21の取組の適切な実行を目的とした教育・訓練の実施

9. 環境コミュニケーションの実施
内部・外部（環境経営レポート）コミュニケーション

10. 実施及び運用
環境経営目標及び環境経営計画達成のための必要な取組の実施

11. 環境上の緊急事態への準備及び対応

12. 文書類の作成・管理

中小企業向けの環境マネジメントシステム（EMS）であるエコアクション21でも、ISO14001と同様に、環境法対応を重視しています。

出典：「エコアクション21ガイドライン 2017 年版」（環境省）（https://www.ea21.jp/files/guideline/gl2017/gl2017_kaishaku.pdf）

これも知っておきたい！

環境関連法規など

エコアクションの法令遵守の対象となる「環境関連法規及びその他の環境関連の要求など」とは、「環境関連法規には、国が定めた法令、都道府県・市町村などが定めた条例があり、その他の環境関連の要求などには、地域との協定、顧客（納入先・取引先）からの要請、業界団体の取決めなど」とされる。

「一覧表」の内容とは

エコアクションが求める「一覧表」の内容は、「組織が遵守をするために必要な程度」とされ、「例えば環境関連法規などの適用が多く、適用内容も複雑で、関係者も多い場合は、より具体的な記述が必要」とされている。また、「一覧表などには組織が遵守のために必要な届出、測定、記録などの内容を含みます」とも解説されている。

環境法対応のポイント

環境法対応、成功の秘けつ

秘けつは五つ！

規制をまとめ、対応を詰める

環境法対応に成功している企業の取組みには、共通の要素が見られます。五つの「秘けつ」と言ってもいいでしょう。

一つ目の秘けつは、「適用規制を漏らさない」。自社にどのような環境法の、どのような規制項目が適用されているのかを**「見える化」**させることです。

その際、環境法は法改正が多いので、法改正情報の着実な入手手順の策定と運用が不可欠です。

二つ目の秘けつは、「具体的な対応方法を詰める」。「法規制登録簿」のような法令の一覧表を作って満足してしまうのではなく、個々の規制事項への具体的な対応方法も詰めるのです。例えば、水質汚濁防止法の事故時の措置について、一覧表に記述するだけでなく、実際の流出事故を想定し、緊急事態手順書の中に通報義務を落とし込むことなどが必要です。

三つ目の秘けつは、「対応方法の検証を現場で行う」。例えば、産業廃棄物の規制には、保管基準や委託基準、マニフェストなどの義務がありますが、実際の保管現場や処理業者への廃棄物引渡しの現場で、対応方法がどこまで実効性のあるものなのかを検証する姿勢が必要です。

実効性の確保を

四つ目の秘けつは、「法令遵守の力量を身に付ける」。どんなに立派な一覧表や手順書があっても、それを使いこなせなければ、絵に描いた餅となります。また、担当者が変更しても対応できるようにしなければなりません。環境法と自社が利用する文書についての知識を身に付けられる教育研修の仕組みを整備し、属人的な対応からの脱却が必要です。

五つ目の秘けつは、「遵守状況の評価は**根拠を明確にする**」。物事を評価する以上は、ある種の根拠が必要なはずですが、これがはっきりせずに課題が生じる企業があります。

どの秘けつも「当たり前」ですが、その「当たり前」ができずにトラブルになることが多いのです。

環境法対応の成功の秘けつ

❶ 適用規制を漏らさない
法改正の着実なフォローの仕組みも

❷ 具体的な対応方法を詰める
「登録簿を改訂すれば、それでオシマイ」では危ない（例：事故時の措置）

❸ 対応方法の検証を現場で行う
「事件は現場で起きる」！

❹ 法令遵守の力量を身に付ける
リスクへの感性を！ そのための教育訓練を‼
（知識を身に付ける）

❺ 遵守状況の評価は根拠を明確にする
サンプルチェックであれば、そのサンプルを明確に

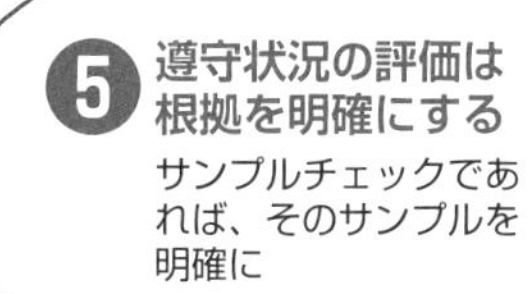

これも知っておきたい！

規制項目の「見える化」

自社に適用される環境法の規制項目を一覧表などに落とし込む際に、どのレベルまで落とし込むのかについて明確な基準はない。

ただし、抜け漏れを防止するためには、「届出」「報告」「基準遵守」「測定」など、法に基づき個別に実施すべき単位ごとには、少なくともリストアップしたほうがよい。

評価の根拠

例えば、廃棄物処理法の委託基準遵守について評価する場合、「○○社との契約書の法定記載事項と許可証の有効期限を確認」などと、具体的な根拠を示すべきである。

法改正への対応

改正情報収集、実務上のポイント

時間と引継ぎを考える

法改正情報の追い方

環境法は、法改正がとても多い分野です。法改正情報を入手できずに、対応できなかったという企業担当者も少なくないことでしょう。

個々の企業の環境マニュアルを読むと、法改正情報の入手方法として、「環境省等のウェブサイトから改正情報を入手する」と書かれているケースが少なくありません。

確かに、かつてに比べれば、インターネットが普及し、行政自ら積極的に情報を公開するようになりました。官報を含めて考えてみれば、原則として法改正情報のかなりのものは、そうした公開情報から入手することはできます。

ただし、一言で「環境省等のウェブサイト」と言っても、漫然と環境省や他省庁のウェブサイトを見て、法改正情報を追えるというものでもありません。慣れていなければ、多大な時間を費やすでしょうし、抜け漏れも出てくることでしょう。

また、環境法の情報入手に関する力量を身に付けた担当者であれば、対応も適切となるでしょうが、担当者が変更となれば、同様の問題が発生します。

普及する有料サービスのとらえ方

こうした独自の情報入手の課題を踏まえて、現在、図表のような第一法規が提供する「エコブレイン・セレクション・アドバンスト」や「エコブレイン環境条例ナビプレミアム」を筆頭に、法改正情報の提供サービスが広く普及しているようです。

例えば、「エコブレイン・セレクション・アドバンスト」では、通常は月二回配信されるメールマガジンにより、法改正情報をさっと確認できるとともに、深く調べようと思えば、ウェブサイトにアクセスして、自社に特化した規制を簡単に調べることもできます。

さらに、環境法について不明な点があれば、問い合わせることができるサービスもあります。

時間を含めたコストを勘案し、着実な情報入手を図るためにどのような仕組みが自社には必要なのかを真剣に検討することが望まれます。

法改正対応方法の例

〈ecoBRAIN Selection advanced〉

メルマガ
→月２回配信で、忘れない

ニュース（法改正動向）
→重要動向をさっと確認

改正情報（官報公布情報）
→きちんと、じっくり確認

情報を選べる
→自社に特化した規制一覧が簡単にできる

相談できる
→わからない規制内容も質問できる

〈ecoBRAIN 環境条例 Navi Premium〉

自治体別規制ポイント
→全体像・特徴の把握

絞り込み機能
→所定期間、所定の地方自治体の動向把握

メールマガジン
→常に意識

法改正に対応する方法には様々なものがありますが、第一法規の環境法データ提供サービスは、おそらく最も企業に普及しているサービスと思われます。

COLUMN

業務の「属人化」を防ぐ

環境コンサルタントの仕事を始めて20年が過ぎました。

「環境法に違反しないためにはどうすればよいか」を考え続け、様々な企業の実践を見てきた今、強く思っているのは、瞬間的に環境法を遵守するのではなく、継続的に遵守するための仕組みをつくることが何よりも大切だということです。

重大な環境法違反をした企業にも何度か訪問したことがあります。従業員が検挙された企業もありました。そうした企業では、事件後、必死に環境法遵守に取り組みますので、瞬間的には、むしろ他の企業よりも法令遵守が徹底されていると言えます。

しかし、筆者はそのような企業の経営層に「数年後、この危機意識を持った社員が担当から外れたときに、引き続き法令遵守を行える仕組みをつくることが大切ですよ」と伝えるようにしています。

違反をした企業を訪問し、その原因を探ると、「業務の属人化」に行きつくことが少なくありません。過去に一人の社員が環境法遵守の対応を長く続けたものの、定年等により退職する。後任の社員は環境法への力量を高める機会もないまま業務に携わり、法令遵守は形骸化し、やがては法令違反が発生する。このような企業を何度も見てきました。

属人化させない仕組みづくりのポイントは、業務の「引継ぎ」を意識して取り組むことです。例えば、自社に適用される環境法の規制をリストにまとめる際、「次にこの業務を引き継ぐ社員が理解できるリストになっているかどうか」を意識しながら作成するとよいでしょう。

著者紹介

安達宏之（あだち ひろゆき）

有限会社 洛思社 代表取締役／環境経営部門チーフディレクター。

2002年より、「企業向け環境法」「環境経営」をテーマに、洛思社にて環境コンサルタントとして活動。執筆、コンサルティング、審査、セミナー講師等を行う。ほぼ毎週、全国の様々な企業を訪問し（リモートを含む）、環境法や環境マネジメントシステム（EMS）対応のアドバイスなどに携わる。セミナーでは、2007年から、第一法規主催などの一般向けセミナーや個別企業のプライベートセミナーの講師を務める（2024年1月時点で総計819回）。

ISO14001主任審査員（日本規格協会ソリューションズ嘱託）、エコアクション21中央事務局参与・審査員。上智大学法学部非常勤講師（企業活動と環境法コンプライアンス）、十文字学園女子大学非常勤講師（生物多様性と倫理等）。

著書に、『企業事例に学ぶ　環境法マネジメントの方法　―25のヒント―』（第一法規・2023年）、『罰則から見る環境法･条例　―環境担当者がリスクを把握するための視点―』（第一法規・2023年）、『企業と環境法　―対応方法と課題』（法律情報出版・2018年）、『生物多様性と倫理、社会（改訂版）』（法律情報出版・2023年）、『企業担当者のための環境条例の基礎　―調べ方のコツと規制のポイント―』（第一法規・2021年）、『ISO環境法クイックガイド』（第一法規・共著・年度版）、『通知で納得！条文解説 廃棄物処理法』（第一法規・加除式）、『業務フロー図から読み解くビジネス環境法』（レクシスネクシス・ジャパン・共著・2012年）など多数。

執筆記事に、「SDGs時代・ESG時代における資源循環法制の展望」（『法の支配』日本法律家協会・2023年10月）、「EMSを課題解決のコアに据える　―サステナブルな経営へ」（『アイソス』システム規格社･2022年～2023年連載）、「ISO14001改訂版と現行版との差分解説」（『標準化と品質管理』日本規格協会・2015年5月・共著）、「環境条例を読む」「東京都の環境規制」（以上、『日経エコロジー』日経BP社・2008年連載）など多数。

2023年、EMSの取組み及びISO認証登録制度の社会的な信頼性を向上させたことなどにより、日本規格協会標準化奨励賞を受賞。

サービス・インフォメーション

通話無料

①商品に関するご照会・お申込みのご依頼
TEL 0120(203)694／FAX 0120(302)640

②ご住所・ご名義等各種変更のご連絡
TEL 0120(203)696／FAX 0120(202)974

③請求・お支払いに関するご照会・ご要望
TEL 0120(203)695／FAX 0120(202)973

●フリーダイヤル(TEL)の受付時間は、土・日・祝日を除く
9:00～17:30です。

●FAXは24時間受け付けておりますので、あわせてご利用ください。

図解でわかる！
環境法・条例―基本のキ―　改訂3版

2018年3月20日　初版発行
2020年2月10日　改訂版発行
2022年2月15日　改訂2版発行
2024年3月15日　改訂3版発行

著　者　安　達　宏　之
発行者　田　中　英　弥
発行所　第一法規株式会社
〒107-8560　東京都港区南青山2-11-17
ホームページ　https://www.daiichihoki.co.jp/

デザイン　タクトシステム株式会社
印　刷　株式会社光邦

環境基本キ改3　ISBN 978-4-474-09462-8 C2032 (3)